普通高等院校新工科"人工智能+"系列教材

Python 语言程序设计实验教程

主　编　陈冀川　刘靖宇
副主编　郭迎春　李英双　田　涛

科 学 出 版 社

北 京

内 容 简 介

本书是《Python 语言程序设计教程》(刘靖宇、王建勋主编,科学出版社出版)配套的实验教材,讲解了 Python 开发环境,介绍了几种常用的Python 集成开发环境的安装、使用;详细介绍了 Thonny 集成环境的设置和程序调试方法,以帮助读者掌握编程环境的使用方法;结合主教材各章节的教学内容,精心设计了 14 个实验。每个实验的例题分析紧贴教学内容,例题选取注重实用性、趣味性、知识性,为初学者提供了可借鉴的编程样例。在每个实验的实验内容中,安排了大量的习题,习题紧密结合主教材对应章节的知识点,在形式和内容上贴近全国计算机等级考试,以帮助读者巩固所学知识。每个实验的最后都安排了问题讨论,以启发读者深入思考。

本书可作为普通高等院校 Python 语言程序设计的辅助教材,也可作为各类工程技术人员进行 Python 编程练习和上机训练的指导用书。

图书在版编目(CIP)数据

Python 语言程序设计实验教程/陈冀川,刘靖宇主编. —北京:科学出版社,2023.8
(普通高等院校新工科"人工智能+"系列教材)
ISBN 978-7-03-075431-8

Ⅰ. ①P⋯ Ⅱ. ①陈⋯ ②刘⋯ Ⅲ. ①软件工具-程序设计-高等学校-教材 Ⅳ. ①TP311.561

中国国家版本馆 CIP 数据核字(2023)第 068684 号

责任编辑:戴 薇 吴超莉 / 责任校对:马英菊
责任印制:吕春珉 / 封面设计:东方人华平面设计部

科 学 出 版 社 出版
北京东黄城根北街 16 号
邮政编码:100717
http://www.sciencep.com
三河市骏杰印刷有限公司印刷
科学出版社发行 各地新华书店经销
*
2023 年 8 月第 一 版 开本:787×1092 1/16
2024 年 8 月第三次印刷 印张:13 1/4
字数:314 000

定价:**48.00** 元
(如有印装质量问题,我社负责调换)

销售部电话 010-62136230 编辑部电话 010-62135763-2041

前 言

PREFACE

教育是国之大计、党之大计。培养什么人、怎样培养人、为谁培养人是教育的根本问题。育人的根本在于立德。本书全面贯彻党的教育方针，落实立德树人根本任务，坚持为党育人、为国育才的原则，全面提高人才培养质量，培养德智体美劳全面发展的社会主义建设者和接班人。

学习一门计算机程序语言时，上机实践是学习中重要的环节。初学者只有通过上机实践，在错误中不断修正对程序语言的理解，才能准确把握程序设计的基本思想，正确、灵活地使用语言中的各种要素，熟练掌握各种开发工具的使用方法，从而获得应用程序设计及解决实际问题的能力。

本书是《Python 语言程序设计教程》（刘靖宇、王建勋主编，科学出版社出版）配套的实验教材，旨在为读者在 Python 语言程序设计的上机实践和知识巩固的过程中提供训练及帮助。

本书讲解了 Python 开发环境，介绍了 4 种常用的 Python 开发环境以及下载、安装 IDLE（integrated development and learning environment）、Thonny 的过程和步骤，帮助读者在计算机上搭建 Python 语言的学习环境；对 IDLE 和 Thonny 这两个轻量级的 IDE 做了详细介绍，使初学者可以快速掌握编程环境的使用，学会程序调试的方法和技巧；结合主教材各章节的教学内容，设置了 14 个实验。每个实验围绕主教材相关章节的教学目标，精心设计了实验范例，并对例题程序设计思路、代码做了分析和讲解。部分例题由浅入深，提供了多种实现代码，以便灵活运用所学知识；部分例题在不同章节出现，随着教学的进行，代码逐步完善，也让读者体验到收获知识的满足。每个实验的实验内容中安排了大量的练习题，题型包括选择题、读程序题、填空题及编程题；题目内容覆盖当前章节的知识点，以帮助读者巩固所学的知识并进行有针对性的编程练习。

本书的编者长期从事 Python 语言的教学工作，深知教与学中的痛点、难点、重点。在内容设计和选择上，既注重课堂思政，落实二十大精神，又贴近教学过程，方便教师有计划、有目的地安排学生上机练习，巩固理论教学成果，达到事半功倍的教学效果。

本书的编写人员均为多年从事计算机基础教学、经验丰富的教师。具体编写分工如下：实验准备由刘靖宇编写，实验 1、实验 2 由王建勋编写，实验 3、实验 4 由郭迎春编写，实验 5、实验 6 由李英双编写，实验 7、实验 8 由田涛编写，其他章节由陈冀川编写并负责全书的统稿工作。多位长期致力于程序设计实践教学的教师对本书的编写提出了宝贵的意见和建议，在此表示衷心的感谢。

由于编者水平有限，书中不妥之处在所难免，敬请广大读者批评指正。

目 录

CONTENTS

实验准备　Python 开发环境

一、常用集成开发环境简介

1. IDLE

IDLE 是 Python 软件包自带的一个集成开发环境，可以方便地创建、运行、调试 Python 程序，如图 0-1 所示。它由纯正的 Python 语言编写而成，使用 tkinter 图形库开发用户界面。它可以在 Windows、UNIX 和 macOS 上跨平台工作；提供带有输入/输出高亮和错误信息提示的 Python 命令行窗口（交互解释器）；提供多次撤销操作、语法高亮、智能缩进、函数调用提示、代码自动补全等功能的多窗口文本编辑器；可以在多个窗口中查找、替换文本，以及在多个文件中查找文本；集成了具有断点、单步、查看本地和全局变量功能的调试器。

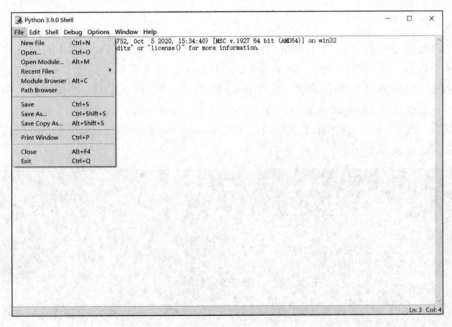

图 0-1　IDLE

2. Thonny

Thonny 是专为初学者设计的 IDE，它集成了 Python 3.×解释器和包管理工具，非常容易安装。它可免费在 macOS、Windows 和 Linux 平台上运行。它非常轻巧，可以通过具有导航功能的简单界面来帮助 Python 初学者使用，如图 0-2 所示。默认情况下，Thonny 会和自带的 Python 版本一起安装，所以用户不需要再安装其他插件。经验丰富的开发者可能需要调整设置以便找到和使用已安装的库。

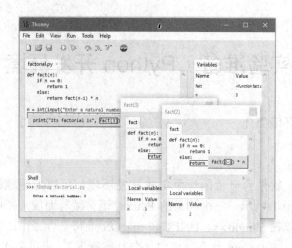

图 0-2　Thonny

Thonny 由爱沙尼亚的塔尔图（Tartu）大学开发并维护，其官方网站上附有安装指南。具体网址为 http://thonny.org。

3. PyCharm

PyCharm 是一款著名的 Python IDE 开发工具，可以帮助用户在使用 Python 语言开发时提高效率，具有项目管理、版本控制、代码跳转、智能提示（见图 0-3）、语法高亮、自动完成、单元测试、基本调试（见图 0-4）等功能。此外，该 IDE 还提供了一些高级功能，以用于支持 Django 框架下的专业 Web 开发。PyCharm 有付费版（专业版）和免费开源版（社区版），PyCharm 不论是在 Windows、macOS 中，还是在 Linux 操作系统中都能快速安装和使用。

图 0-3　PyCharm 的智能提示

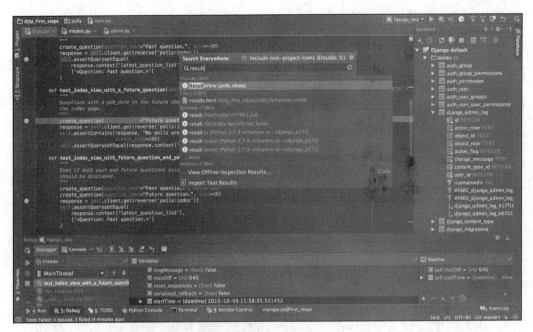

图 0-4　PyCharm 的基本调试

同样是 JetBrains 公司的产品，PyCharm 和 IntelliJ IDEA（Java 开发工具）十分相似。有 Java 和 Android 开发经验的读者可以迅速上手 PyCharm，几乎不用额外学习。

PyCharm 的官方网址为 https://www.jetbrains.com/pycharm，其下载界面如图 0-5 所示。

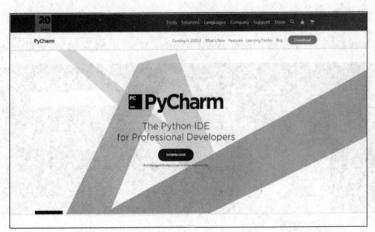

图 0-5　PyCharm 下载界面

4. Jupyter Notebook

Jupyter Notebook 是一个 Web 应用程序，能让用户将说明文本、数学方程、代码和可视化内容全部组合到一个易于共享的文档中。简而言之，Jupyter Notebook 是以网页的形式打开的，可以在页面中直接编写和执行代码，代码的执行结果也会直接在代码块下显示出来。例如，在编程过程中需要编写说明文档，则可在同一个页面中直接进行编写，便于进行及时说明和解释。Jupyter Notebook 已迅速成为数据分析和机器学习的必备工具。它可以让数据分析师集中精力向用户解释整个分析过程，可以帮助数据分析师进行数值计算及数据可视化，并支持许多数据功能。Jupyter Notebook 包含诸如 Pandas、NumPy 等内置库，以帮助开发人员对数据执行各种处理。

Jupyter Notebook 的官方网址为 https://jupyter.org，其下载安装界面如图 0-6 所示。

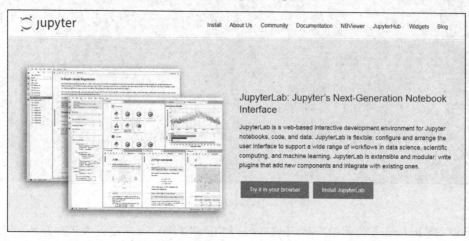

图 0-6 Jupyter Notebook 下载安装界面

二、在计算机上搭建 Python 集成开发环境

1. 下载 Python 安装包

进入 Python 官网，网址为 https://www.python.org，下载安装包，如图 0-7 所示。

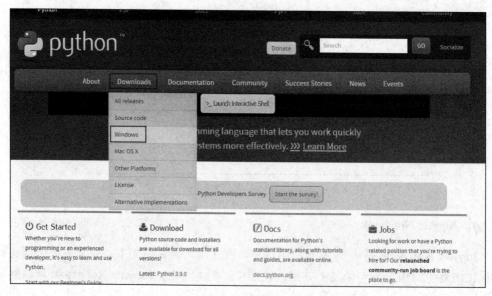

图 0-7 下载安装包

单击"Downloads"按钮，选择要安装 Python 的计算机的操作系统，如 Windows。根据计算机系统类型是 32 位还是 64 位来选择不同的安装版本。如果计算机操作系统是 64 位的，则选择"Download Windows x86-64 executable installer"；如果计算机操作系统是 32 位的，则选择"Download Windows x86 executable installer"，如图 0-8 所示。

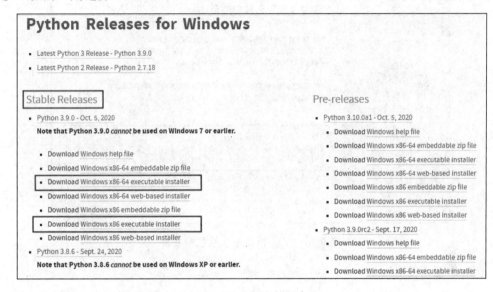

图 0-8　选择安装版本

2. 安装 Python 安装包

Python 安装包版本不同，其安装过程也会略有差异。

（1）双击安装包，选中"Install launcher for all users(recommended)"和"Add Python 3.9 to PATH"复选框，如图 0-9 所示，单击"Install Now"按钮开始安装。

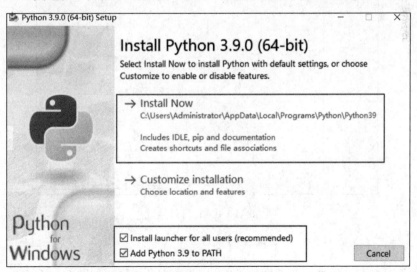

图 0-9　安装选项

（2）单击选择"Disable path length limit"选项，禁止路径长度限制，单击"Close"
按钮，关闭安装向导，完成 Python 安装包的安装，如图 0-10 所示。

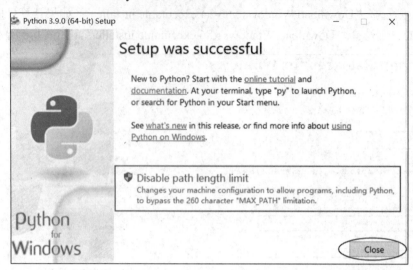

图 0-10　完成 Python 安装包的安装

三、IDLE 使用简介

IDLE 具有两种主要窗口类型，分别是命令行窗口和编辑器窗口，如图 0-11 所示。
用户可以同时打开多个编辑器窗口。对于 Windows 和 Linux 平台，其 IDLE 有各自的主
菜单。下面介绍每个菜单包含的主要功能及与之关联的窗口类型。

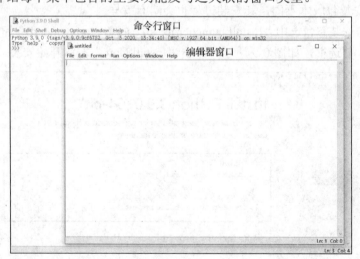

图 0-11　IDLE 窗口类型

1. 文件菜单（命令行窗口和编辑器窗口）

命令行窗口和编辑器窗口的文件（File）菜单完全相同，如图 0-12 所示。

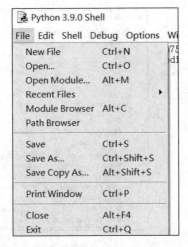 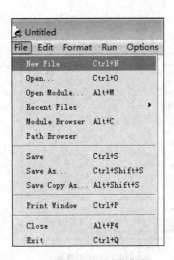

（a）命令行窗口的文件菜单　　　　　（b）编辑器窗口的文件菜单

图 0-12　文件菜单

（1）新建文件（New File）：打开一个文件编辑器窗口。

（2）打开（Open...）：打开一个已存在的文件。

（3）打开模块（Open Module...）：打开一个已存在的模块。

（4）近期文件（Recent Files）：打开一个近期文件列表，选取其中一个文件打开。

（5）模块浏览器（Module Browser）：在当前所编辑的文件中使用树形结构展示函数、类及方法。在命令行窗口中，选择此选项后会先打开一个模块。

（6）路径浏览（Path Browser）：在树形结构中展示 sys.path 目录下的模块、函数、类和方法。

（7）保存（Save）：如果文件已经存在，则将当前窗口保存至对应的文件。再次修改文件后，文件名尾部将出现星号（*）。如果没有对应的文件，则使用另存为（Sava As...）选项代替。

（8）另存为（Save As...）：使用"另存为"对话框保存当前窗口。被保存的文件将作为当前窗口新的对应文件。

（9）另存为副本（Save Copy As...）：保存当前窗口至另一个文件中，而不修改当前对应文件。

（10）打印窗口（Print Window）：通过默认打印机打印当前窗口。

（11）关闭（Close）：关闭当前窗口（如果未保存当前窗口，则系统会进行是否确认操作的询问）。

（12）退出（Exit）：关闭所有窗口并退出 IDLE（如果未保存所有窗口，则系统会进行是否确认操作的询问）。

2．编辑菜单（命令行窗口和编辑器窗口）

命令行窗口和编辑器窗口的编辑（Edit）菜单完全相同，如图 0-13 所示。

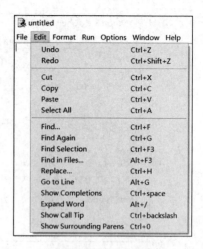

（a）命令行窗口的编辑菜单　　　　　　（b）编辑器窗口的编辑菜单

图 0-13　编辑菜单

（1）撤销操作（Undo）：撤销当前窗口的最近一次操作。最多可以撤回 1000 条操作记录。

（2）重做（Redo）：重做当前窗口最近一次所撤销的操作。

（3）剪切（Cut）：复制选区至系统剪贴板，并删除选区。

（4）复制（Copy）：复制选区至系统剪贴板。

（5）粘贴（Paste）：插入系统剪贴板的内容至当前窗口。

（6）全选（Select All）：选择当前窗口的全部内容。

（7）查找（Find...）：打开一个提供多选项的查找窗口。

（8）再次查找（Find Again）：重复上一次搜索。

（9）查找选区（Find Selection）：查找当前选区中的字符串。

（10）在文件中查找（Find in Files...）：弹出文件查找对话框，将结果输出至新的输出窗口中。

（11）替换（Replace...）：弹出查找并替换对话框。

（12）前往行（Go to Line）：光标跳转到指定行行首。

（13）提示完成（Show Completions）：打开本模块中现存的名称滚动列表，选择名称并输入。

（14）展开关键字（Expand Word）：展开输入的前缀以匹配同一窗口中的完整单词，重复以获得不同的扩展。

（15）显示调用提示（Show Call Tip）：在编写代码时，输入函数的左括号后，立刻打开一个带有函数参数提示的小窗口。

（16）显示周围括号（Show Surrounding Parens）：突出显示配对的括号。

3. 格式菜单（仅编辑器窗口）

编辑器窗口的格式（Format）菜单如图 0-14 所示。

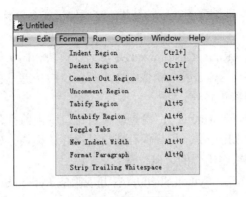

图 0-14　格式菜单

（1）增加缩进（Indent Region）：将选中的行右移缩进宽度（默认为 4 个空格）。

（2）减少缩进（Dedent Region）：将选中的行左移缩进宽度（默认为 4 个空格）。

（3）注释（Comment Out Region）：在所选行的前面插入##。

（4）取消注释（Uncomment Region）：从所选行中删除开头的#或##。

（5）制表符化（Tabify Region）：将前导空格变为制表符。建议使用 4 个空格来缩进 Python 代码。

（6）取消制表符化（Untabify Region）：将所有制表符转换为正确的空格数。

（7）缩进方式切换（Toggle Tabs）：弹出一个对话框，以在制表符和空格之间进行切换。

（8）缩进宽度调整（New Indent Width）：弹出一个对话框，以更改缩进宽度（默认为 4 个空格）。

（9）格式段落（Format Paragraph）：在注释块或多行字符串或字符串中的选中行中，重新格式化当前以空行分隔的段落。段落中的所有行的格式都将少于 N 列，其中，N 默认为 72。

（10）删除尾随空格（Strip Trailing Whitespace）：删除行尾空格和其他空白字符。除 Shell 窗口外，在文件末尾删除多余的换行符。

4. 运行菜单（仅编辑器窗口）

编辑器窗口的运行（Run）菜单如图 0-15 所示。

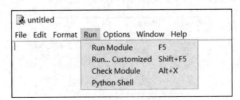

图 0-15　运行菜单

（1）运行模块（Run Module）：执行检查模块功能。如果没有错误，则重新启动 Shell 以清理环境，并运行模块，输出显示在 Shell 窗口中。执行完成后，Shell 将保留焦点并显示提示。此时，可以交互地探索执行的结果。这类似于在命令行窗口执行带有 python -i file 的文件。

（2）运行……定制（Run…Customized）：与运行模块相同，但使用自定义设置运行模块，其命令行参数来自 sys.argv，就像在命令行窗口中传递一样。该模块可以在命令行窗口中运行，而无须重新启动。

（3）检查模块（Check Module）：检查编辑器窗口中当前打开的模块的语法。如果尚未保存该模块，则 IDLE 会提示用户保存或自动保存该模块。如果存在语法错误，则会在编辑器窗口中指示错误出现的大概位置。

（4）Python Shell 窗口（Python Shell）：打开或唤醒 Python Shell 窗口。

5. Shell 菜单（仅命令行窗口）

不同 IDLE 版本的 Shell 菜单稍有不同，高版本的功能会多一些，如图 0-16 所示。

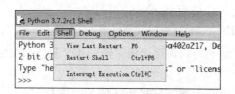

（a）低版本的 IDLE

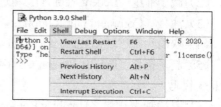

（b）高版本的 IDLE

图 0-16　Shell 菜单

（1）查看最近重启（View Last Restart）：将 Shell 窗口滚动到上一次 Shell 重启。

（2）重启 Shell（Restart Shell）：重新启动 Shell 以清理环境。

（3）上一条历史记录（Previous History）：循环浏览历史记录中与当前条目匹配的早期命令。

（4）下一条历史记录（Next History）：循环浏览历史记录中与当前条目匹配的后续命令。

（5）中断执行（Interrupt Execution）：停止正在运行的程序。

6. 调试菜单（仅命令行窗口）

调试（Debug）菜单包含 4 个选项，如图 0-17 所示。

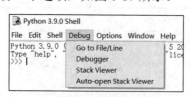

图 0-17　调试菜单

（1）跳转到文件/行（Go to File/Line）：在光标所在行查找文件名和行号，如果文件存在，则打开文件并跳转到指定行号。

（2）调试器（Debugger）：启动/关闭调试器。

（3）堆栈查看器（Stack Viewer）：在树形结构中显示最后一个异常的堆栈回溯，可以访问本地和全局。

（4）自动打开堆栈查看器（Auto-open Stack Viewer）：在未处理的异常上切换自动打开堆栈查看器。

7. 选项菜单（命令行窗口和编辑器窗口）

选项（Options）菜单包含 4 个选项，灰色选项在编辑器窗口中有效，如图 0-18 所示。

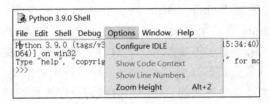

图 0-18　选项菜单

（1）配置 IDLE（Configure IDLE）：弹出配置对话框并更改以下各项的首选项——字体、缩进、键绑定、文本颜色主题、启动窗口和大小、其他帮助源和扩展名。在 macOS 中，可以通过在应用程序菜单中选择首选项来弹出配置对话框。

大多数配置选项适用于所有窗口。以下选项仅适用于活动窗口。

（2）显示/隐藏代码上下文（Show/Hide Code Context）：在编辑器窗口中显示/隐藏代码的上下文窗格。

（3）显示/隐藏行号（Show/Hide Line Numbers）：在编辑器窗口中显示/隐藏行号。

（4）缩放高度（Zoom Height）：缩放窗口到屏幕高度。

8. 窗口菜单（命令行窗口和编辑器窗口）

窗口（Window）菜单用于列出所有打开的窗口的名称，以及选择一个窗口将其设置为当前窗口。

9. 帮助菜单（命令行窗口和编辑器窗口）

帮助（Help）菜单包含 4 个选项，如图 0-19 所示。

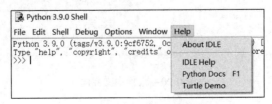

图 0-19　帮助菜单

（1）关于 IDLE（About IDLE）：显示 IDLE 版本、版权、许可证等。

（2）IDLE 帮助（IDLE Help）：显示 IDLE 的文档，详细介绍其菜单选项、基本编辑和导航以及其他技巧。

（3）Python 文档（Python Docs）：访问本地 Python 文档（如果已安装），或启动 Web 浏览器并打开 docs.Python.org 以显示最新的 Python 文档。

（4）海龟演示（Turtle Demo）：使用示例 Python 代码和 Turtle 绘图运行 Turtle Demo 模块。

四、Thonny 使用简介

Thonny 是一款轻量级 Python IDE，基于 Python 内置图形库 tkinter 开发，支持 Windows、macOS、Linux 等多个平台。它除了具备一般代码编辑器应该具有的查找、替换、代码补全、语法错误显示等功能外，还具有页签功能，能够让使用者方便地在多个文档间进行切换，让代码编辑工作更加方便。对于使用者来说，Thonny 提供代码自动完成、代码缩放、代码高亮等功能，让使用者编写程序更加便捷，源代码的执行不需要繁杂的配置，执行代码更简单。另外，它支持 MicroPython，是开发智能硬件的好帮手。

1. 设置中文界面

当第一次启动 Thonny 时，它会做一些准备工作，并呈现一个空白的编辑器和 Python Shell 英文界面。选择"Tools"→"Options…"选项，弹出"Thonny options"对话框，在"General"选项卡的"Language"下拉列表中选择"简体中文"选项，如图 0-20 所示。退出并重新打开 Thonny，其界面即可改为中文界面。

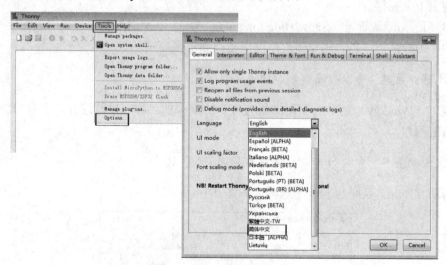

图 0-20　设置中文界面

2. 管理插件

Thonny 可以通过第三方插件扩展其功能。插件是一个 Python 模块（或包），一般安装在 thonnycontrib 或 thonnycontrib.backend 文件夹下。选择"工具"→"管理插件…"

选项，弹出"Thonny 插件"对话框，在此对话框中可安装、升级或卸载插件。安装完成后，重启 Thonny，配置生效。安装好的插件会出现在"工具"选项卡中。

例如，为 Thonny 安装一款代码自动格式化插件，安装该插件前后的"工具"选项卡如图 0-21 所示。

（a）安装插件前的"工具"选项卡

（b）安装插件后的"工具"选项卡

图 0-21　安装插件

具体安装步骤如下。

（1）选择"工具"→"管理插件"选项，弹出"Thonny 插件"对话框，如图 0-22 所示。

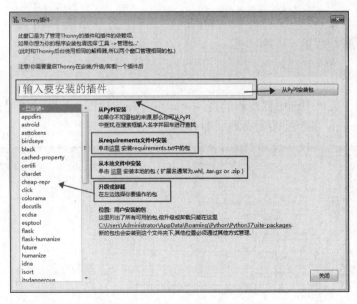

图 0-22　"Thonny 插件"对话框

（2）在"Thonny 插件"对话框中，输入要安装的插件为 thonny-black-format，单击"从 PyPI 安装包"按钮，当模块的描述出现时，即可单击"安装"按钮。

（3）插件安装完成后，重启 Thonny，此时，"工具"选项卡中会出现 Format with Black 选项。

现在，即可使用 Ctrl+Alt+C 组合键对当前窗口的 Python 源代码进行自动格式化了。

3. 管理第三方库（包）

管理第三方库（包）有以下几种方法。

（1）选择"工具"→"管理包…"选项，其操作过程和前面的插件管理类似，如图 0-23 所示。

图 0-23　第三方库（包）管理

（2）选择"工具"→"打开系统 Shell…"选项，打开系统 Shell 窗口，使用 pip 命令安装、卸载和升级第三方库（包）。

4. 管理视图

在"视图"菜单中选中要观察的视图，即可打开该视图；若要关闭视图，则取消选中该视图。Thonny 各个视图的布局如图 0-24 所示。

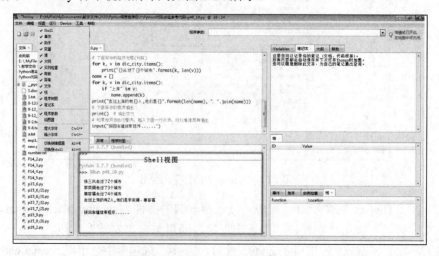

图 0-24　Thonny 各个视图的布局

Shell：一个简单的交互式的编程环境。**Python** 程序可以在此窗口中以字符的方式输入/输出。

事件：记录程序运行或用户操作触发的事件。

助手：程序出错时，助手会给出提示或链接，以辅助问题的解决。

变量（Variables）：显示程序中的变量名和 Value ID（内存地址）。

堆：显示堆中的数据，配合变量使用时可以观察变量中存放的值。

大纲：显示用户自定义的类及类的属性、方法。

实例检查：配合检查堆或变量窗口，选择要检查的对象实例，列出对象的属性和方法。

帮助：如果需要有关使用 Thonny 的更多信息，则可选中"帮助"视图。

异常：当程序执行发生异常时，显示堆栈跟踪的信息，帮助跟踪异常发生的原因。

文件：显示文件列表。

栈：在调试中显示函数之间的调用关系。

程序树图：按照执行顺序详细记录了程序执行过程中的各种参数。

笔记本：在这里可以记录用户自己的笔记（文档、代码段等）。所有内容都会自动保存并在下次打开 Thonny 时加载。也可以随意删除此文本，为用户自己的笔记腾出空间。

程序参数：运行程序时输入的命令行参数。

5．工具栏

工具栏中包含 10 个常用工具的按钮，如图 0-25 所示。

图 0-25　工具栏

新文件：在 Thonny 中创建一个未命名的空白文件。

打开：打开一个文件窗口，选择要打开的计算机中已经存在的文件。

保存：打开一个"另存为"窗口，输入文件名后可保存文件。

运行当前脚本：运行当前窗口的 Python 程序。

调试当前脚本：启动调试器调试程序。

步进：逐条执行程序，如果遇到函数，则执行到函数内部。

步过：逐条执行程序，如果遇到函数，则一次执行完函数。

步出：如果"步进"到函数中，则"步出"可以一次执行完函数中的其他语句。

恢复运行：从"步进/步出/步过"恢复程序的执行，一直到下一个断点或执行完全部程序。

停止/重启后端程序：停止程序的执行，重启后端服务程序。

6. 调试程序

如果想看清楚 Python 是如何一步一步执行程序的，则可以选择"运行"→"调试程序"选项（或按 Ctrl+F5 组合键）。Thonny 是一款面向初学者的 Python IDE，它与普通的 IDE 有所不同，它的调试器是专为学习和教学编程而设计的。在这种模式下，Thonny 使 Python 在每一步计算之前暂停，可以通过变量、堆、栈、实例检查等视图观察中间值。将要执行的程序行被一个方框包围，称之为焦点，它表明 Python 接下来将要执行的部分代码。每步进一次，都可以看到"焦点"在变化（见图 0-26），可跟踪到 Python 表达式的计算过程。

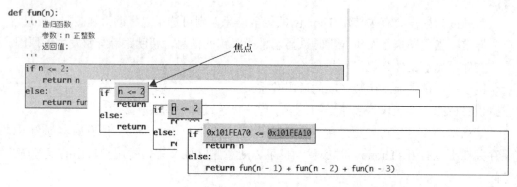

图 0-26　焦点变化

在变量、堆视图中，用鼠标单击变量或地址，实例检查视图中将显示其值或属性，如图 0-27 所示。

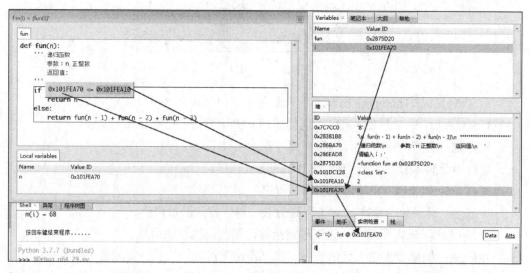

图 0-27　检查变量

如果一步一步执行程序不方便，则可以设置"断点"，如图 0-28 所示。如果设置了"断点"，则选择"运行"→"调试程序"选项（或按 Ctrl+F5 组合键）时，程序会在运行到"断点"时停止，并可以步进（F7）、步过（F6）、步出执行，或恢复运行，一直到下一个断点或执行完全部程序。断点的设置/清除方法：在编辑器窗口中双击行号。

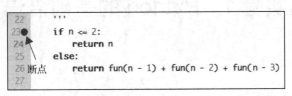

图 0-28　设置断点

如果不想继续运行程序，则可以选择"运行"→"停止/重启后端程序"选项（或按 Ctrl+F2 组合键）或单击工具栏中的 按钮，停止程序的运行。

实验 1　Python 的基础语法

一、实验目的

（1）熟悉 Python 的开发环境。
（2）掌握使用交互方式、脚本（文件）方式运行程序。
（3）掌握 Python 语言中数据的表示方式。
（4）掌握 Python 语言中基本运算符的功能和使用。
（5）掌握 Python 语言中基本的输入/输出方法。

二、范例分析

1. 交互方式运行程序

当第一次启动 Thonny 时，会出现一个空白的编辑器和 Python Shell 窗口，如图 1-1 所示。在 Shell 窗口中，可以输入 Python 程序，并以交互方式运行程序。

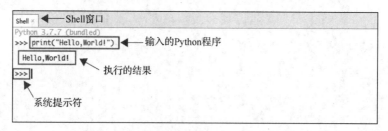

图 1-1　交互方式运行程序

2. 探索 Python 交互式帮助系统

Python 提供了一个内置函数 help()，可以实现交互式帮助。当用户想要了解某一个对象的相关信息时，可以在 Shell 窗口中输入"help()"，进入交互式帮助系统。

在">>>"提示符下，输入"help()"，按 Enter 键后出现如图 1-2 所示的提示信息，并进入交互式帮助系统。在帮助系统的提示符（help>）后，可以输入"modules""keywords""symbols""topics"等关键字来搜索相关的帮助信息。

在交互式帮助系统中输入"modules"，按 Enter 键后，出现如图 1-3 所示的模块列表，其中显示了计算机中安装的 Python 内置模块、第三方库（包）。（Thonny 甚至列出了计算机中用户编写的 Python 文件！）

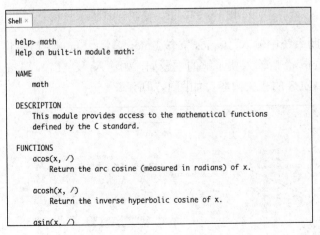

```
Shell ×
>>> help()

Welcome to Python 3.9's help utility!

If this is your first time using Python, you should definitely check out
the tutorial on the Internet at https://docs.python.org/3.7/tutorial/.

Enter the name of any module, keyword, or topic to get help on writing
Python programs and using Python modules.  To quit this help utility and
return to the interpreter, just type "quit".

To get a list of available modules, keywords, symbols, or topics, type
"modules", "keywords", "symbols", or "topics".  Each module also comes
with a one-line summary of what it does; to list the modules whose name
or summary contain a given string such as "spam", type "modules spam".

help> |          ← 帮助系统的提示符
```

图 1-2　提示信息

```
Shell ×
_bisect             brain_numpy_core_numeric marltcap      popttb
_black_version      brain_numpy_core_numerictypes markupsafe    posixpath
_blake2             brain_numpy_core_umath marshal        pprint
_bootlocale         brain_numpy_ndarray math              profile
_bz2                brain_numpy_random_mtrand mccabe               pstats
_codecs             brain_numpy_utils   mimetypes         pty
_codecs_cn          brain_pkg_resources mmap              py_compile
_codecs_hk          brain_pytest        modulefinder      pyaes
_codecs_iso2022     brain_qt            msilib            pyclbr
_codecs_jp          brain_random        msvcrt            pydoc
_codecs_kr          brain_re            multiprocessing   pydoc_data
_codecs_tw          brain_six           mypy              pyexpat
_collections        brain_ssl           mypy_extensions   pylint
_collections_abc    brain_subprocess    mypyc             queue
_compat_pickle      brain_threading     netrc             quopri
_compression        brain_typing        new               random
_contextvars        brain_uuid          nntplib           re
_csv                builtins            nt                regex
_ctypes             bz2                 ntpath            reprlib
```

图 1-3　模块列表

在交互式帮助系统中输入模块的名称或模块关键词，如 help> math，按 Enter 键后，
Shell 窗口中列出了内置模块 math 中的函数及其简要说明，如图 1-4 所示。

```
Shell ×
help> math
Help on built-in module math:

NAME
    math

DESCRIPTION
    This module provides access to the mathematical functions
    defined by the C standard.

FUNCTIONS
    acos(x, /)
        Return the arc cosine (measured in radians) of x.

    acosh(x, /)
        Return the inverse hyperbolic cosine of x.

    asin(x, /)
```

图 1-4　math 中的函数及其简要说明

在交互式帮助系统中输入 "keywords"，按 Enter 键后，Shell 窗口中将列出 Python

的所有关键字，再输入要获取帮助的关键字，如输入"if"，按 Enter 键后，Shell 窗口中将列出有关 if 的详细说明，如图 1-5 所示。

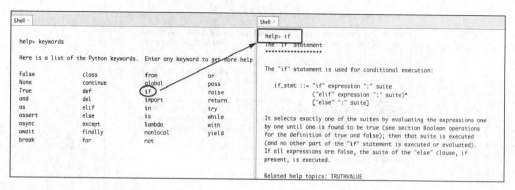

图 1-5　有关 if 的详细说明

在交互式帮助系统中输入"symbols"，按 Enter 键后，Shell 窗口中将列出 Python 的所有运算符，再输入要获取帮助的运算符，如输入"!="（不等号），按 Enter 键后，Shell 窗口中将列出有关"!="的详细说明，如图 1-6 所示。

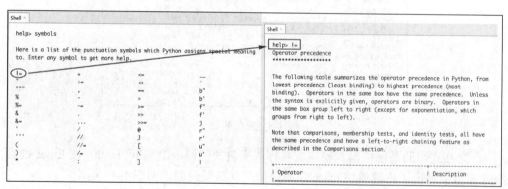

图 1-6　有关"!="的详细说明

在交互式帮助系统中输入"topics"，按 Enter 键后，Shell 窗口中将列出 Python 的一些主题词，在"help>"后输入要了解的主题词，如输入"CALLS"，按 Enter 键后，Shell 窗口中将列出 CALLS 的相关内容，如图 1-7 所示。

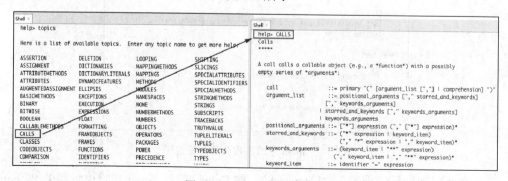

图 1-7　CALLS 的相关内容

3. Python 中的数据与运算

在 Shell 窗口中输入以下内容,观察、记录、分析每一行执行的结果,执行结果如图 1-8 所示。

```
>>>5 + 3
>>>5 * 3
>>>5 ** 3
>>>5 / 3
>>>5 // 3
>>>5 % 3
>>>5 and 3
>>>5 or 3
>>>3 and 5
>>>3 or 5
>>>3 & 5
>>>5 & 3
>>>7 & 3
>>>3 & 7
>>>a = 3
>>>b = 5
>>>print(a,b)
>>>a ,b = 6,7
>>>print(a,b)
>>>a,b = b,a
>>>print(a,b)
>>>a = input("请从键盘输入 a 的值:a = ")
>>>print(a,b)
```

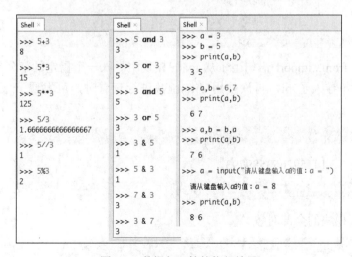

图 1-8 数据与运算的执行结果

4. Python 中的内置函数及其使用

在 Shell 窗口中输入以下内容，观察、记录、分析每一行执行的结果。

```
>>>print(pi)
```

输出 pi（π）值后，发现 pi 未定义，导致错误，Thonny 自动打开"助手"窗口，提示错误出现可能的原因。Python 也给出了错误原因，即 "name 'pi' is not defined"，如图 1-9 所示。

```
>>>dir()
```

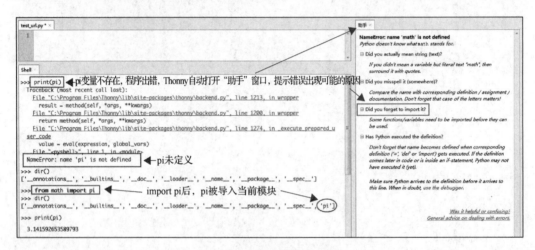

图 1-9　内置函数及其使用

使用 dir() 函数可以查看对象内的所有属性和方法。在 Python 中，任何东西都是对象，如一种数据类型、一个模块等，它们都有自己的属性和方法，除了常用的方法外，其他的不需要全部记住，需要使用时以 help() 函数进行查询即可。dir() 显示当前模块中没有 pi。

```
>>>from math import pi
```

Python 的 from...import 语句用于从 math 模块中导入一个指定的部分到当前命名空间中。这条语句导入了 pi，再次使用 dir() 函数进行查看时，可发现 pi 已经出现在当前模块中。

```
>>>print(pi)
```

输出 pi 值：3.141592653589793。

```
>>>import math
```

导入 math 模块的全部对象。

```
>>>dir(math)
```

dir()函数带参数 math 调用，返回参数 math 模块的属性、方法列表。如果参数包含方法__dir__()，则该方法将被调用。如果参数不包含__dir__()，则该方法将最大限度地收集参数信息（math 中未含此方法）。在执行代码后，math 模块中包含的函数（如 sin、sqrt）、常量（pi、e）等将被列出，如图 1-10 所示。

图 1-10　导入 math 模块

```
>>>dir()
```

再次使用 dir()函数查看当前模块内的对象，发现新增加了一个"math"。

```
>>>print(pi,math.pi)
```

输出 pi 和 math.pi。

请思考：pi 和 math.pi 是同一个对象吗？如何判断？

5. 脚本（文件）方式计算矩形面积和周长

虽然交互方式对于一次运行一条 Python 指令的效果很好，但是结果无法保存，每次都需要重复输入指令。要想编写完整的 Python 程序，就要在文件编辑器中输入指令。

一般程序由"输入""计算""输出"三部分构成。计算矩形的面积和周长时，要先提供（输入）边长 a、b，再利用公式计算矩形的面积和周长，最后输出结果。

参考程序如下。

```
01    #!/usr/bin/env python3
02    """
03      实验1_例1：计算矩形的面积、周长
04      **************************************************
05      文件名:exp1_1.py
06      班级：
07      姓名：
08      学号：
09      日期：
10    """
11
12    #以下代码用于输入边长
```

```
13  a = eval(input("输入矩形的长 a="))
14  b = eval(input("输入矩形的宽 b="))
15  #以下代码用于进行程序处理(计算)
16  s = a * b                        #计算面积
17  l = 2 * (a + b)                  #计算周长
18  #以下代码用于进行程序输出
19  print("面积: ",s)
20  print("周长: ",l)
21
22  print()                          #输出空行
23  #如果双击运行程序，则插入以下代码后，可以看到屏幕输出结果
24  input("按回车键结束程序......")
```

1 行：Python 是跨平台的脚本语言，在脚本文件的第 1 行，"#!" 的作用是告知计算机系统该脚本使用的是哪种命令解释器（其对于 Windows 操作系统无效）。

2 行~10 行：Python 的文档字符串，即 DocString，添加文档字符串可以让程序文档更加清晰易懂。它一般放在模块、函数定义的第一行，用"""指示，可在其中添加模块、函数功能说明等信息。这个说明可以使用__doc__（注意，doc 前后都是双下划线）属性，将 DocString 特性输出，其运行结果如图 1-11 所示。

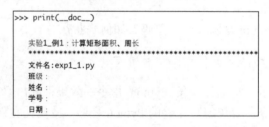

图 1-11 print(__doc__)的运行结果

13 行和 14 行：输入矩形的边长。通过键盘输入的数据都是字符串，所以要用 eval() 函数把字符串转换为数值。

16 行和 17 行：使用公式计算矩形的面积、周长。

19 行和 20 行：输出计算结果。其中，字符串部分（双引号中的内容）原样输出，变量（s,l）以变量值输出。

22 行~24 行：当双击 Python 程序文件时，Windows 操作系统会直接运行程序文件。如果程序只有字符界面，则程序运行结束后会立即关闭窗口，看不到输出结果。加入这几行代码后，表示等待用户按 Enter 键结束，可看到屏幕输出结果。

三、实验内容

1. 选择题

（1）下列语句在 Python 中非法的是（　　　）。

　　A．x = y = z = 1　　　　　　　　　　B．x = (y = z + 1)

C．x, y = y, x　　　　　　　　　　D．x += y

（2）拟在屏幕上输出 "Hello World"，以下选项正确的是（　　）。

　　A．print('Hello World')　　　　　　B．printf("Hello World")

　　C．printf('Hello World')　　　　　　D．print(Hello World)

（3）关于 Python 内存管理，下列说法错误的是（　　）。

　　A．变量不必事先声明

　　B．变量无须先创建和赋值而直接使用

　　C．变量无须指定类型

　　D．可以使用 del 释放资源

（4）以下不是 Python 合法标识符的是（　　）。

　　A．true　　　　　　B．a+b　　　　　　C．_p3　　　　　　D．in

（5）Python 的关键词是（　　）。

　　A．False　　　　　　B．In　　　　　　C．For　　　　　　D．elseif

（6）下列语句在 Python 中非法的是（　　）。

　　A．a, b = b, a　　　　　　　　　　B．a += b

　　C．a = (3+4)**2　　　　　　　　　　D．a=(b=c)

（7）下列 Python 表达式计算错误的是（　　）。

　　A．−23//5=−5　　　　　　　　　　B．7.8//2.5=3.0

　　C．round(3.45,1)=3　　　　　　　　D．log(e)=1.0

（8）执行语句 "Age = input("请输入年龄：")" 后，用户通过键盘输入 "19"，则 Age 变量的类型是（　　）。

　　A．int　　　　　　B．float　　　　　　C．str　　　　　　D．complex

（9）执行以下代码。

```
x = 1
y = 2
print(eval(input("输入计算公式：")))
```

通过键盘输入 "x+y"，输出的结果是（　　）。

　　A．x+y　　　　　　　　　　　　　B．3

　　C．输出错误信息　　　　　　　　　D．None

（10）如果 Python 程序陷入了无限循环，则可以中断循环的组合键是（　　）。

　　A．Ctrl+C　　　　B．Ctrl+D　　　　C．Ctrl+X　　　　D．Ctrl+V

（11）以下不是 Python 合法标识符的是（　　）。

　　A．int32　　　　　B．40XL　　　　　C．self　　　　　D．__name__

（12）计算机中信息处理和信息储存使用（　　）。

　　A．二进制代码　　　　　　　　　　B．十进制代码

　　C．十六进制代码　　　　　　　　　D．ASCII

（13）Python 语言语句块的标记是（　　）。

    A．分号   B．逗号   C．缩进   D．/

（14）Python 源程序执行的方式是（　　　）。

    A．编译执行   B．解释执行   C．直接执行   D．边编译边执行

（15）print(100−25*3%4)应该输出（　　　）。

    A．1   B．97   C．25   D．0

（16）关于 Python 语言的特点，以下选项描述正确的是（　　　）。

    A．Python 语言不支持面向对象

    B．Python 语言是解释型语言

    C．Python 语言是编译型语言

    D．Python 语言是非跨平台语言

（17）以下关于程序设计语言的描述，错误的是（　　　）。

    A．Python 语言是一种脚本编程语言

    B．汇编语言是直接操作计算机硬件的编程语言

    C．程序设计语言经历了机器语言、汇编语言、高级语言 3 个阶段

    D．编译和解释的区别是一次性翻译程序还是每次执行时都需要翻译程序

（18）以下关于 Python 程序格式框架的描述，错误的是（　　　）。

    A．Python 语言不采用严格的缩进来表明程序的格式框架

    B．Python 单层缩进代码属于之前最邻近的一行非缩进代码，多层缩进代码根据缩进关系决定所属范围

    C．Python 语言的缩进可以采用 Tab 键实现

    D．判断、循环、函数等语法形式能够通过缩进包含一批 Python 代码，进而表达对应的语义

（19）以下选项中，说法不正确的是（　　　）。

    A．解释是将源代码逐条转换成目标代码，同时逐条运行目标代码的过程

    B．编译是将源代码转换成目标代码的过程

    C．C 语言是静态语言，Python 语言是脚本语言

    D．静态语言采用解释方式执行，脚本语言采用编译方式执行

（20）IDLE 环境的退出命令是（　　　）。

    A．exit()   B．Enter 键   C．close()   D．esc()

2．读程序题

（1）若 a=123，b=456，则 a and b 的值为＿＿＿＿＿＿＿。

（2）若 a=123，b=456，则 a or b 的值为＿＿＿＿＿＿＿。

（3）print (3<5>4)的结果是＿＿＿＿＿＿＿。

（4）以下代码的输出结果是＿＿＿＿＿＿＿。

```
x=10
y=3
```

```
print(divmod(x,y))
```

3．编程题

（1）输入华氏温度 F，计算输出对应的摄氏温度。由华氏温度 F 求摄氏温度 c 的公式为

$$c = \frac{5}{9}(F - 32)$$

（2）输入学生的语文、数学、英语、物理 4 门课程的成绩，计算并输出该学生的总成绩和平均成绩。

（3）输入三角形三条边的边长，计算并输出三角形的面积。

（4）输入球体的半径，计算并输出球体的体积和表面积。

（5）输入一个实数或复数，计算并输出其平方根。（提示：需要导入复数数学模块 cmath。）

四、问题讨论

（1）在前面的例子中，"3 and 5" 和 "5 and 3" 的结果不相同，这是因为交换了两个操作数的位置吗？深入探讨其原因。

（2）在前面的例子中，从键盘输入的数据为什么要使用 eval() 函数进行处理？eval() 函数还有哪些功能？有没有其他函数（方法）也能实现相同的功能？

实验 2 字符串的基本操作

一、实验目的

（1）掌握字符串类型的表示方法。
（2）掌握字符串操作符。
（3）熟悉字符串处理函数。
（4）掌握字符串处理方法。
（5）熟悉字符串类型的格式化。

二、范例分析

例 2-1 字符串运算。

在 Shell 窗口中输入以下语句，观察、记录、分析每一行执行的结果，理解字符串运算符的作用。

```
>>>strx1 = 'Hello'
>>>strx2 = 'Python'
>>>strx1 + strx2
>>>strx1 * 3
```

+：字符串连接符。当"+"两端都是字符串类型时，连接两个字符串；当"+"两端都是数值类型时，把两个数值相加；如果"+"两端类型不一致，则系统将报错。

：重复复制字符串。当""两端分别是字符串和整型变量 n 时，表示重复复制 n 次字符串。

```
>>>strx1[0]
>>>strx2[-1]
```

[]：通过索引获取字符串中的字符。字符串索引有两个方向：正序索引值以 0 为开始值，逆序索引值-1 表示从末尾开始。

```
>>>strx1[1:3]
```

[:]：字符串切片符。截取字符串中的一部分，遵循"左闭右开"原则，strx1[m:n]表示返回字符串 strx1 从第 m 到 n-1 的子字符串。如果省略 m，则表示从 0 开始；如果省略 n，则表示取到字符串末尾。

```
>>>'H' in strx1
>>>'h' not in strx1
```

in：成员运算符。如果字符串中包含给定的字符，则返回 True。

not in：成员运算符。如果字符串中不包含给定的字符，则返回 True。

```
>>>print('在字符串中，可以使用 \n 换行。')
>>>print(r'在字符串中，可以使用 \n 换行。')
```

r/R：原始字符串，其运行结果如图 2-1 所示。所有的字符串都是直接按照字面的意思来使用的，没有转义特殊或不能输出的字符。原始字符串除在字符串的第一个引号前加上字母 r（或 R）以外，与普通字符串有着几乎完全相同的语法。

图 2-1 原始字符串运行结果

```
>>>'你的 %s 课成绩 %d 分。' % ('计算机',100)
```

%：格式字符串，其用于将一个值插入到一个有字符串格式符%引导的字符串中。

例 2-2 已知物体以 V_0 的初速度沿水平方向射出，此时距地面高度为 H，求物体落地时间 t 和水平射程 S。

分析：由物理学知识可知 $t = \sqrt{2H/g}$，$S = V_0 t$，其中 $g = 9.8$。依题目要求，需要输入 V_0 和 H，并根据公式计算 t 和 S，最后输出结果。从键盘输入的参数都是字符串，需要使用函数[eval()或 float()]将其转换为数值。开方运算需要使用 math 库中的 sqrt()函数实现。

参考程序如下。

```
01  #!/usr/bin/env python3
02  """
03      实验 2_例 2：计算物体落地时间 t 和水平射程 S
04      ************************************************
05      文件名:exp2_2.py
06      班级:
07      姓名:
08      学号:
09      日期:
10  """
11  #以下代码用于导入程序用到的库/包
12  from math import *
13
14  #以下代码用于进行程序输入
15  V0 = float(input("输入初速度 V0= "))
16  H = eval(input("输入距地面高度 H="))
```

```
17   #以下代码用于进行程序处理(计算)
18   g = 9.8                        #重力加速度,常量
19   t = sqrt(2*H/g)                #计算物体落地时间
20   S = V0 * t                     #计算水平射程
21   #以下代码用于进行程序输出
22   print("物体落地时间: ",t)
23   print("水平射程: ",S)
24
25   print()                        #输出空行
26   #双击运行程序，则插入以下代码后，可以看到屏幕输出结果
27   input("按回车键结束程序......")
```

程序运行结果如图 2-2 所示。

```
输入初速度 V0= 10
输入距地面高度 H=10
物体落地时间: 1.4285714285714286
水平射程: 14.285714285714286

按回车键结束程序......
```

图 2-2　例 2-2 程序运行结果

12 行：把 math 模块的所有函数全都导入到当前的命名空间中，所以 19 行引用 sqrt() 函数时不必再加上模块名（math）。如果使用 import math 导入模块，则每个模块都有自己的命名空间，当 19 行引用 sqrt() 函数时，函数名前面要加上模块名，即改写为

```
t = math.sqrt(2*H/g)
```

15 行：float() 函数用于把输入的数据从字符串型转换为浮点型。如果输入的数据为非数字形式，则系统会报错。

16 行：eval() 函数用于"执行"输入的字符串表达式，并返回表达式的值。通俗地说，就是去掉输入字符串两端的引号，并计算其值。例如，eval('3*5') = 15，eval('3.14') = 3.14。

22 行和 23 行：输出计算结果。输出的变量 t 和 S 没有进行格式控制，输出的数据可能比较冗长，可以把 22 行、23 行改写如下。

```
print("物体落地时间: %.3f" % t)
print(f"水平射程: {S:.3f}")
```

其中，格式符 %.3f 用于控制 t 变量输出时保留 3 位小数。修改后的效果如图 2-3 所示。

```
输入初速度 V0= 10
输入距地面高度 H=10
物体落地时间: 1.429
水平射程: 14.286

按回车键结束程序......
```

图 2-3　修改后的效果

f-string 在形式上是以 f 或 F 修饰符引领的字符串（f'xxx'或 F'xxx'），以大括号{ }标明被替换的字段，{ }中的 S 变量输出时保留 3 位小数（:.3f）。

例 2-3　字符串逆序输出。

分析：中华文化博大精深，汉字的文字魅力无穷。我们经常玩的一些文字游戏非常有趣，比如把一句话倒着念：上海自来水来自海上——上海自来水来自海上，山东落花生——生花落东山，等等。如果用程序来处理，这就是字符串逆序。

参考程序如下。

```
01  #!/usr/bin/env python3
02  """
03  实验2_例3：字符串逆序输出
04  *************************************************
05  文件名:exp2_3.py
06  班级:
07  姓名:
08  学号:
09  日期:
10  """
11  #以下代码用于编写程序用到的库/包
12
13  #以下代码用于进行程序输入
14  print('01234567890123456789012345678901234567 89')
15  strx1 = input("输入一个字符串: ")
16
17  #以下代码用于进行程序处理(计算)
18  strx2 = strx1[::-1]
19  #以下代码用于进行程序输出
20  print("原字符串: \t",strx1)
21  print("逆序字符串: \t",strx2)
22
23  print()                          #输出空行
24  #如果双击运行程序，则插入以下代码后，可以看到屏幕输出结果
25  input("按回车键结束程序......")
```

程序运行结果如图 2-4 所示。

```
01234567890123456789012345678901234567 89
输入一个字符串: 山东落花生
原字符串:        山东落花生
逆序字符串:      生花落东山

按回车键结束程序......
```

图 2-4　例 2-3 程序运行结果

18 行：strx1[::-1]用于实现字符串逆序。Python 的切片操作非常灵活强大、优雅简洁。切片的基本语法格式如下。

```
str[begin:end:step]
```

str：字符串或其他可迭代对象。

begin：切片的起始位置，默认为 0。

end：切片的截止位置，默认为-1，且包含-1。

step：切片的间隔。step 不能为 0，默认为 1，"-step"表示从后向前以 step 为步长取子字符串。

20 行和 21 行：输出原字符串和逆序字符串。"\t"是横向制表符，用于控制变量输出到下一个制表位，实现输出内容的上下对齐。

例 2-4 打印如下样式的新年贺卡。

小张:
　　新年快乐!

分析：如果批量打印贺卡，则每张贺卡的称谓都要变化，所以称谓需要输入。贺卡的一般格式如下：称谓和内容之间要另起一行，内容缩进。在字符串中换行时，需要在字符串中使用 ASCII 换行符——LF（编码为 10），在输入这类特殊字符时，Python 用反斜杠"\"转义字符（\n, n:new line）。

参考程序如下。

```
01  #!/usr/bin/env python3
02  """
03   实验 2_例 4：新年贺卡打印——字符串转义符的使用
04   *************************************************
05   文件名:exp2_4.py
06
07  """
08
09  #以下代码用于进行程序输入
10  title = input("请输入称谓: ")
11
12  #以下代码用于进行程序输出
13  print(f"{title}: \n   新年快乐! ")
14
15  print()                        #输出空行
16  #如果双击运行程序，则插入以下代码后，可以看到屏幕输出结果
17  input("按回车键结束程序......")
```

13 行：f-string 控制输出格式，执行 print 时 {title}被 title 变量值替代，"\n"是换行符。

例 2-5 程序中经常会要求用户提供姓名和身份证号。为了保护用户隐私，输出时要求用户姓名和出生日期以 "*" 代替。编写程序，实现上述功能。

分析：把用户姓名或出生日期以"*"替换，可以使用 Python 的字符串对象的 replace() 方法。Python 的字符串对象提供了一系列的方法（函数），在处理字符串时首先要想到有没有相应的方法可以利用。

参考程序如下。

```
01  #!/usr/bin/env python3
02  """
03    实验 2_例 5：用户隐私处理
04    **************************************************
05    文件名:exp2_5.py
06
07  """
08
09  #以下代码用于进行程序输入
10  uname = input("请输入用户姓名：")
11  uid = input("请输入用户身份证号：")
12
13  #以下代码用于进行程序处理(计算)
14  uname = uname.replace(uname[1:],len(uname[1:]) * '*')
15  uid = uid.replace(uid[8:8+6],'******')
16
17  #以下代码用于进行程序输出
18  print("姓名：{0:<10} 身份证号：{1:>20}".format(uname,uid))
19
20  print()                        #输出空行
21  #如果双击运行程序，则插入以下代码后，可以看到屏幕输出结果
22  input("按回车键结束程序......")
```

程序运行结果如图 2-5 所示。

```
请输入用户姓名：张三丰
请输入用户身份证号：123456789012345678
姓名：张**          身份证号：   12345678******5678

按回车键结束程序......
```

图 2-5 例 2-5 程序运行结果

14 行：replace()方法的语法为 str.replace(old, new[, max])。uname[1:]用于切取用户姓名的名字部分，名字字符个数使用 len()函数计算，len(uname[1:]) * '*'用于计算出替换字符串，max 是可选参数，替换不超过 max 次。注意，len()是 Python 的内部函数，len()函数返回对象（字符、列表、元组等）长度或项目个数。方法与函数调用的区别如下。

方法：对象.方法()。

函数：函数（对象）。

18 行：Python 的格式化字符串函数 str.format()，它增强了字符串格式化的功能，其基本语法是通过{ }和:来代替以前的%。{0:<10}：位置"0"与 format 参数中的 uname 匹配，":"后跟格式控制符，"<10"表示字符串左对齐，宽度为 10 个字符；{1:>20}：位置"1"与 format 参数中的 uid 匹配，">20"表示字符串右对齐，宽度为 20 个字符。

例 2-6　输入英文月份缩写，将其转换为数字月份输出。（例如，输入 Jan，输出 1 月份。）

分析：英文月份缩写与数字月份变换实际上体现了月份字符串的位置关系。如果把 12 个月的英文缩写按顺序放在一个字符串中，则索引出每个月份字符串出现的位置除 3 再加 1 即可完成转换。索引采用了字符串的 find()方法。

find()方法用于检测字符串中是否包含指定子字符串。如果包含指定子字符串，则返回的索引值是子字符串在字符串中的起始位置；如果不包含指定子字符串，则返回-1。

参考程序如下。

```
01  #!/usr/bin/env python3
02  """
03    实验2_例6：英文月份缩写转换为数字
04    ***********************************************
05    文件名:exp2_6.py
06
07  """
08  print(__doc__)
09
10  #以下代码用于进行程序输入
11  month = input("请输入英文缩写: ")
12
13  #以下代码用于进行程序处理(计算)
14  mon_str = "JanFebMarAprMayJunJulAugSepOctNovDec"
15  mon_str = mon_str.upper()
16  month = month.upper(). strip()
17  mid = int(mon_str.find(month) / 3) + 1
18
19  #以下代码用于进行程序输出
20  print(f"你输入的是{mid:^3d}月份。")
21
22  print()                         #输出空行
23  #如果双击运行程序，则插入以下代码后，可以看到屏幕输出结果
24  input("按回车键结束程序......")
```

程序运行结果如图 2-6 所示。

```
实验2_例6: 英文月份缩写转换为数字
******************************************************
文件名:exp2_6.py


请输入英文缩写: jul
你输入的是 7 月份。
```

图 2-6　例 2-6 程序运行结果

08 行：输出文档字符串。

14 行：创建一个变量 mon_str，用于存储 12 个月份的英文缩写。

15 行：12 个月份缩写字符串标准化，使用 upper()方法转换成大写字母，为下一步索引做准备。

16 行：用户输入数据标准化，先使用 upper()方法将输入转换为大写字母，再使用 strip()方法去掉字符串可能存在的首尾空格。经过 15 行和 16 行的处理，标准化了两个字符串，规范了用户的输入，提高了下一步索引的准确度，改善了用户体验。

17 行：find()方法用于返回 month 在 mon_str 中的位置，int()函数用于把除 3 的结果由浮点数转换为整数。

20 行：f-string 控制输出格式，":^3d"表示输出 3 位宽度的整数，中间对齐。

三、实验内容

1. 选择题

（1）以下代码的输出结果是（　　）。

```
TempStr = "Pi=3.141593"
eval(TempStr[3:-1])
```

　　A. 3.14159　　　　　B. 3.141593　　　　C. Pi=3.14　　　　D. 3.1416

（2）以下关于字符串类型操作的描述，错误的是（　　）。

　　A. str.replace(x,y)方法把字符串 str 中所有的 x 都替换为 y，得到一个新字符串

　　B. 若想把一个字符串 str 中所有的字符都改为大写，则应使用 str.upper()函数

　　C. 若想获取字符串 str 的长度，则应使用字符串处理函数 str.len()

　　D. 设 x = 'aa'，则执行 x*3 的结果是'aaaaaa'

（3）"ab" + "c"*2 的结果是（　　）。

　　A. abc2　　　　　　B. abcabc　　　　　C. abcc　　　　　　D. ababcc

（4）给出如下代码，可以输出"Python"的是（　　）。

```
s = 'Python is wonderful!'
```

　　A. print(s[:-14])　　　　　　　　　　　B. print(s[0:6].lower())

　　C. print(s[0:6])　　　　　　　　　　　D. print(s[-21: -14].lower)

（5）以下关于 Python 字符串的描述，错误的是（　　　）。

  A．字符串是字符的序列，可以按照单个字符或者字符片段进行索引

  B．字符串包括两种序号体系：正向递增和反向递减

  C．Python 字符串提供区间访问方式，采用[N:M]格式，表示字符串中从 N 到 M（包含 N 和 M）的索引子字符串

  D．字符串是用一对双引号" "或者单引号' '括起来的零个或者多个字符

（6）以下代码的输出结果是（　　　）。

```
x = 0o1010
print(x)
```

  A．520   B．1024   C．32768   D．10

（7）下列关于字符串的说法，错误的是（　　　）。

  A．字符应该视为长度为 1 的字符串

  B．字符串以\0 标志字符串的结束

  C．既可以用单引号，也可以用双引号创建字符串

  D．在三引号字符串中，可以包含换行符或回车符等特殊字符

（8）如果 name = "HEBUT"，则以下选项输出错误的是（　　　）。

  A．>>>print(name[:]) 输出 HEBUT

  B．>>>print(name[:-1]) 输出 HEBU

  C．>>>print(name[::-1]) 输出 TUBEH

  D．>>>print(name[-1:-2:1]) 输出 T

（9）关于 Python 字符串，以下选项描述错误的是（　　　）。

  A．可以使用 datatype()测试字符串的类型

  B．输出带有引号的字符串时，可以使用转义字符

  C．字符串是一个字符序列，字符串中的编号称为"索引"

  D．字符串可以保存在变量中，也可以单独存在

（10）以下对 count()、find()、index()、capitalize() 方法描述错误的是（　　　）。

  A．count()方法用于统计字符串中某个子字符串出现的次数

  B．find()方法用于检测字符串中是否包含指定子字符串，如果包含指定子字符串，则返回该子字符串开始的索引值，否则返回-1

  C．index()方法用于检测字符串中是否包含指定子字符串，如果包含指定子字符串，则返回该子字符串开始的索引值，否则返回 None

  D．capitalize()方法用于将字符串的第一个字符转换为大写

（11）下列关于字符串 format()函数的描述，错误的是（　　　）。

  A．format 后的参数排列顺序必须与格式字符串中{}的排列顺序一致

  B．如果是浮点数，则对数值进行有效位数的保留时遵循四舍五入原则

  C．{:x}会把对应的整数转换为十六进制形式

  D．无论参数是什么类型，format 后的结果总是字符串

（12）下列关于字符串操作函数的描述，错误的是（   ）。

    A．join()方法可以将一个字符序列用特定连接符连接成一个字符串

    B．isupper()、islower()函数只能对单个字符的字符串进行大小写判断

    C．startswith()函数用于判断字符串是否以特定字符串开始

    D．strip()函数可以去除字符串左右两侧的指定字符，默认去除空白字符

（13）下列关于字符串修改的描述，错误的是（   ）。

    A．形如 s[0:3]="new"的代码并不能将字符串 s 的前 3 个字符更改为 new

    B．所有的字符串操作函数都无法对原字符串做任何更改，而是返回新字符串

    C．replace()函数可以替换原字符串中的子字符串为新字符串

    D．可以通过赋值给原字符串从而间接完成对字符串的修改

（14）下列关于字符串索引和切片操作的描述，错误的是（   ）。

    A．索引指的是访问单个字符的形式，如 s[1]指的就是访问字符串 s 中的第一个字符

    B．s[start:end:sep]表示访问从 start 下标开始，到 end 下标结束（不包括 end），间隔为 sep-1 的字符序列

    C．索引和切片操作并不会对原字符串有任何影响

    D．可以利用切片操作将字符串逆向输出，如 s = s[::-1]即可将 s 逆序输出

（15）下列关于字符串的描述，错误的是（   ）。

    A．Python 3 的字符串可以由任意 UNICODE 字符组成

    B．字符串的定界符可以是单引号、双引号、三单引号、三双引号，其中后两种定界符支持多行书写

    C．字符串在程序中不能被修改

    D．字符串中不能有单引号或者双引号，否则会和定界符冲突，确实需要包含单引号或双引号时，只能使用转义形式

（16）以下在字符串输出时能起到换行作用的字符是（   ）。

    A．'\t'　　　　　　　B．'\a'　　　　　　　C．'\n'　　　　　　　D．'\0'

（17）以下代码的输出结果是（   ）。

```
s = "Python\n 编程\t 很\t 容易\t 学"
print(len(s))
```

    A．20　　　　　　　B.12　　　　　　　C.5　　　　　　　D.16

（18）以下代码的输出结果是（   ）。

```
s = "11+5in"
eval(s[1:-2])
```

    A．6　　　　　　　B．11+5　　　　　　C．执行错误　　　　D．16

（19）以下代码的输出结果是（   ）。

```
print('{:*^10.4}'.format('Flower'))
```

    A．**Flower**   B．Flower

    C．Flow   D．***Flow***

（20）Python 语言中，以下表达式输出结果为 11 的选项是（　　　）。

    A．print("1+1")   B．print(1+1)

    C．print(eval("1+1"))   D．print(eval("1" + "1"))

2．读程序题

（1）以下语句的输出结果是＿＿＿＿＿＿＿＿＿＿＿。

```
print("Hello World")
```

（2）a="12345678"，以下语句的输出结果是＿＿＿＿＿＿＿＿＿＿＿。

```
print(a[:-2:2])
```

（3）以下语句的输出结果是＿＿＿＿＿＿＿＿＿＿。

```
print("this is string example".capitalize())
```

（4）以下语句的输出结果是＿＿＿＿＿＿＿＿＿＿。

```
print("this is string example".title())
```

（5）以下语句的输出结果是＿＿＿＿＿＿＿＿＿＿。

```
print("12345a"[:-1].isnumeric())
```

3．填空题

（1）假设有 a=3，b=6，c=a*b，若想用 format 输出 3*6=18 的效果，则横线处应该填写 print(＿＿＿＿＿＿＿＿＿＿＿＿＿＿＿＿＿＿＿＿＿＿＿＿)。

（2）若 a="12345678"，则能获得子字符串 86 的操作是＿＿＿＿＿＿＿＿＿＿＿＿＿。

（3）若 a="13579"，则字符 5 的下标位置是＿＿＿＿＿＿＿＿＿＿。

（4）print ("我叫 ＿＿ 今年 ＿＿ 岁!" % ('小明', 10))，将输出结果 "我叫 小明 今年 10 岁!"。

（5）将以下单词的首字母都转换为大写：

```
print("hello python!"._____).
```

4．编程题

（1）一般学号由 2 位入学年份和 4 位编号构成。编写程序，要求输入学号，输出其入学年份。

（2）编写程序，要求输入 18 位身份证号，并输出其生日。

（3）打印邀请函，要求输入称谓，输出样式如下。

尊敬的　　　：

　　您好！

　　……

　　（4）编写程序，实现人民币到美元的换算，要求输出保留 2 位小数。（假定 1 美元 = 8.356 元人民币。）

　　（5）编写程序，要求输入数字月份（1~12），转换输出英文缩写。（例如：输入 1，输出 Jan。）

　　提示：把 12 个月份的英文缩写按顺序放入一个字符串，并按位置索引、切片。

四、问题讨论

　　（1）在 Python 程序中，对文件路径的表示有哪些方式？

　　（2）在 Python 程序中，字符串表示有哪些方式？可以混用吗？

　　（3）如果程序限制用户只能输入十进制数值，则如何检查输入是否正确？

　　（4）在例 2-5 中，在输出用户姓名时，如果只要求把姓氏后的一个字符隐藏起来，如"张*丰"，可以像下面这样修改程序吗？

```
uname[1] = '*'
```

　　（5）在例 2-6 中，如果输入有拼写错误，则还会有输出结果吗？

实验 3   选择结构程序设计

一、实验目的

（1）掌握 Python 中的关系运算和逻辑运算。
（2）掌握 Python 中的单分支结构。
（3）掌握 Python 中的二分支结构。
（4）掌握 Python 中的多分支结构。

二、范例分析

例 3-1   输入 3 条边长，计算三角形的周长、面积。要求先判断输入的边长能否构成三角形，如果不能，则输出错误提示；否则，计算并输出三角形的周长、面积。

分析：题目要求根据输入数据判断是计算三角形的周长、面积还是给出错误提示，这是一个典型的二分支程序。3 条边长可以构成三角形的条件如下：任意两边之和大于第三边且 3 条边都大于 0。三角形的面积可用海伦公式（也称海伦-秦九韶公式）计算，公式为 $S = \sqrt{p(p-a)(p-b)(p-c)}$，$p = \dfrac{a+b+c}{2}$。

判断条件：(a+b)>c and (b+c)>a and (a+c)>b and a>0 and b>0 and c>0。

参考程序如下。

```
01  #!/usr/bin/env python3
02  """
03    实验 3_例 1：输入 3 条边长，计算三角形的周长、面积
04    ****************************************************
05    文件名:exp3_1.py
06
07  """
08  #以下代码用于编写程序用到的库/包
09  from math import *
10
11  #以下代码用于进行程序输入
12  a = float(input("请输入三角形的边长 a: "))
13  b = float(input("请输入三角形的边长 b: "))
14  c = float(input("请输入三角形的边长 c: "))
15
16  #以下代码用于进行程序处理(计算)
17  if (a+b>c and b+c>a and a+c>b
18          and a>0 and b>0 and c>0):
```

```
19      p = (a+b+c)/2
20      S = sqrt(p * (p-a) * (p-b) * (p-c))
21      print("三角形的周长为：{:.3f}".format(2 * p))
22      print("三角形的面积为：{:.3f}".format(S))
23   else:
24      print("输入的三边无法构成三角形!")
25
26   print()                        #输出空行
27   #如果双击运行程序，则插入以下代码后，可以看到屏幕输出结果
28   input("按回车键结束程序......")
```

程序运行结果如图 3-1 所示。

请输入三角形的边长a：3	请输入三角形的边长a：3
请输入三角形的边长b：4	请输入三角形的边长b：4
请输入三角形的边长c：5	请输入三角形的边长c：8
三角形的周长为：12.000	输入的三边无法构成三角形!
三角形的面积为：6.000	
	按回车键结束程序......
按回车键结束程序......	

图 3-1 例 3-1 程序两次运行结果

09 行：从 math 库中将所有函数导入到当前的命名空间中。

12 行～14 行：从键盘输入 3 条边长，使用 float()函数把数字串转换为浮点型数据。

17 行和 18 行："任意两边之和大于第三边"对应一组关系表达式组合——a+b>c and b+c>a and a+c>b，用逻辑与（and）运算连接三组关系运算；"且 3 条边都大于 0"对应另一组关系表达式组合——a>0 and b>0 and c>0。当这些条件都满足时，才能构成三角形。

19 行：计算半周长。

20 行：使用海伦公式计算三角形的面积。

21 行和 22 行：输出计算结果，使用 format()函数控制字符串格式，输出保留 3 位小数（:.3f）。

19 行～22 行为当 if 条件为"真"时执行的语句块，24 行为 if 条件为"假"时执行的语句块。注意语句块的缩进。

另外，如果 17 行的条件表达式比较长，阅读、书写不方便，则可以换行，将代码写为两行或多行。建议不要使用续行符（"\" 仅在行尾时不是转义符），括号是天然的续行符。所以，17 行也可以写为如下形式。

```
if a+b>c and b+c>a and a+c>b \
   and a>0 and b>0 and c>0:
```

例 3-2 求一元二次方程 $ax^2+bx+c=0$ 的根，其中 a、b、c 为方程系数。

分析：对于一元二次方程，当 a、b、c 为不同的值时，方程的解有以下几种情况。

（1）当 $a \neq 0$ 时，方程的根有以下 3 种情况。

① 当 $b^2-4ac<0$ 时，有两个共轭复根。

② 当 $b^2-4ac=0$ 时，有两个相等实根。

③ 当 $b^2-4ac>0$ 时，有两个不相等实根。

（2）当 $a=0$ 时，方程变为 $bx+c=0$，此时要视 b、c 的取值情况而定。

① 当 $b\neq0$，$c\neq0$ 时，$x=-c/b$。

② 当 $b=0$，$c\neq0$ 时，方程无解。

③ 当 $b=0$，$c=0$ 时，方程无定解。

方法 1：通过分析可知，程序分两个层次实现，即外层两个分支，内层 3 个分支，方程的解有 6 种情况。

参考程序如下。

```
01  #!/usr/bin/env python3
02  """
03    实验 3_例 2：求一元二次方程 ax^2+bx+c=0 的根
04    ***********************************************************
05    文件名:exp3_2.py
06
07  """
08  #以下代码用于编写程序用到的库/包
09  from math import *
10
11  #以下代码用于进行程序输入
12  a = float(input("请输入 a: "))
13  b = float(input("请输入 b: "))
14  c = float(input("请输入 c: "))
15
16  #以下代码用于进行程序处理(计算)
17  if a != 0:
18      delta = b * b - 4 * a * c
19      if delta <0 :
20          x1 = -b/a/2
21          x2 = sqrt(-delta)/a/2
22          msg = f"有两个共轭复根: {x1:.3f}±{x2:.3f}i"
23      elif delta == 0:
24          x1 = -b/a/2
25          msg = f"有两个相等实根: {x1:.3f}"
26      else:
27          x1 = -b/a/2
28          x2 = sqrt(delta)/a/2
29          msg = f"有两个不相等实根: x1={x1+x2:.3f} x2={x1-x2:.3f}"
30  else:
```

```
31     if b != 0 :
32         x1 = -c/b
33         msg = f"方程的根：{x1:.3f}"
34     elif c != 0:
35         msg = f"方程无解。"
36     else:
37         msg = f"方程无定解。"
38
39  #以下代码用于进行程序输出
40  print(msg)
41
42  print()                            #输出空行
43  #如果双击运行程序，则插入以下代码后，可以看到屏幕输出结果
44  input("按回车键结束程序......")
```

程序运行结果如图 3-2 所示。

请输入 a: 2	请输入 a: 3	请输入 a: 0
请输入 b: 3	请输入 b: 4	请输入 b: 0
请输入 c: 1	请输入 c: 5	请输入 c: 0
有两个不相等实根: x1=-0.500 x2=-1.000	有两个共轭复根: -0.667±1.106i	方程无定解。
按回车键结束程序......	按回车键结束程序......	按回车键结束程序......

图 3-2　例 3-2 程序 3 次运行结果

40 行：程序中每个分支的输出信息都存放在 msg 变量中，并在最后输出到屏幕上。使程序的"输入""计算""输出"三部分结构清晰。

方法 2：在上面的分析中，可看到方程根据不同的条件组合有 6 种解，因此程序也可以不使用 if 嵌套结构而直接使用多分支结构实现。

参考程序如下。

```
01  #!/usr/bin/env python3
02  """
03      实验 3_例 2：求一元二次方程 ax^2+bx+c=0 的根
04      ***************************************************
05      文件名：exp3_2_2.py
06
07  """
08  #以下代码用于编写程序用到的库/包
09  from math import *
10
11  #以下代码用于进行程序输入
12  a = float(input("请输入 a: "))
13  b = float(input("请输入 b: "))
14  c = float(input("请输入 c: "))
```

```
15
16  #以下代码用于进行程序处理(计算)
17  delta = b * b - 4 * a * c
18  if a != 0 and delta <0:
19      x1 = -b/a/2
20      x2 = sqrt(-delta)/a/2
21      msg = f"有两个共轭复根: {x1:.3f}±{x2:.3f}i"
22  elif a != 0 and delta == 0:
23      x1 = -b/a/2
24      msg = f"有两个相等实根: {x1:.3f}"
25  elif a != 0 and delta > 0:
26      x1 = -b/a/2
27      x2 = sqrt(delta)/a/2
28      msg = f"有两个不相等实根: x1={x1+x2:.3f} x2={x1-x2:.3f}"
29  elif a == 0 and b != 0 :
30      x1 = -c/b
31      msg = f"方程的根: {x1:.3f}"
32  elif a == 0 and c != 0:
33      msg = f"方程无解。"
34  else:
35      msg = f"方程无定解。"
36
37  #以下代码用于进行程序输出
38  print(msg)
39
40  print()                          #输出空行
41  #如果双击运行程序，则插入以下代码后，可以看到屏幕输出结果
42  input("按回车键结束程序......")
```

通过上述修改，把比较复杂的条件嵌套变成了清晰的多分支结构。当嵌套结构的嵌套层次过多时，会严重影响代码的可读性，可以使用扁平化的结构就不要使用嵌套，这是推荐的一种处理方式。

方法 3：上面示例中 20 行、27 行中的 sqrt() 函数只能计算正数的平方根，如果要计算负数的平方根，则需要使用 cmath 库。

参考程序如下。

```
01  #!/usr/bin/env python3
02  """
03      实验 3_例 2：求一元二次方程 ax^2+bx+c=0 的根
04      ************************************************
05      文件名:exp3_2_3.py
06
```

```
07    """
08    #以下代码用于编写程序用到的库/包
09    import cmath
10
11    #以下代码用于进行程序输入
12    a = float(input("请输入 a: "))
13    b = float(input("请输入 b: "))
14    c = float(input("请输入 c: "))
15
16    #以下代码用于进行程序处理(计算)
17    delta = b * b - 4 * a * c
18    if a != 0:
19        x1 = (-b-cmath.sqrt(delta))/(2*a)
20        x2 = (-b+cmath.sqrt(delta))/(2*a)
21        msg = f'方程的根 {x1:.3f} 和 {x2:.3f}'
22    elif a == 0 and b != 0 :
23        x1 = -c/b
24        msg = f"方程的根: {x1:.3f}"
25    elif a == 0 and c != 0:
26        msg = f"方程无解。"
27    else:
28        msg = f"方程无定解。"
29
30    #以下代码用于进行程序输出
31    print(msg)
32
33    print()                              #输出空行
34    #如果双击运行程序,则插入以下代码后,可以看到屏幕输出结果
35    input("按回车键结束程序......")
```

程序运行结果如图 3-3 所示。

```
请输入 a: 3
请输入 b: 4
请输入 c: 5
方程的根 -0.667-1.106j 和 -0.667+1.106j

按回车键结束程序......
```

图 3-3 复数开方的运行结果

例 3-3 判断用户输入的是否为十进制数字。

分析:在前面的两个例子中,无论是三角形的边长还是一元二次方程的系数,都要求输入数值,如果输入了非数值数据,则程序运行时会出现异常。一种改进的方法是检查输入数据的类型。Python 的字符串对象提供了一些检查的方法(这类方法一般以 is

开头），但是没有一种方法（函数）可以直接判断数据类型。这里给出 ASCII 表（部分），
如表 3-1 所示，从中可以发现合法的十进制数字串具有如下特征。

表 3-1 ASCII 表（部分）

ASCII				字符
二进制	八进制	十进制	十六进制	
0010 1110	056	46	0x2E	.
0010 1111	057	47	0x2F	/
0011 0000	060	48	0x30	0
0011 0001	061	49	0x31	1
0011 0010	062	50	0x32	2
0011 0011	063	51	0x33	3
0011 0100	064	52	0x34	4
0011 0101	065	53	0x35	5
0011 0110	066	54	0x36	6
0011 0111	067	55	0x37	7
0011 1000	070	56	0x38	8
0011 1001	071	57	0x39	9

（1）有 1 个或 0 个小数点，这可通过使用 str.count()方法进行统计。

（2）不含"/"，这可通过使用 not in 进行判断。

（3）只有字符"0"～"9"可以通过使用 max()函数和 min()函数进行判断。

参考程序如下。

```
01  #!/usr/bin/env python3
02  """
03    实验 3_例 3：用户输入数据检查
04    ************************************************
05    文件名:exp3_3.py
06
07  """
08
09  #以下代码用于进行程序输入
10  x = input("请输入数据：")
11
12  #以下代码用于进行程序处理(计算)
13  x = x.strip()                    #去除首尾空格
14  if x.count('.') <=1 and '/' not in x and \
     max(x) <= '9' and min(x) >= '.':
15      msg = '输入的数据可以转换为数值类型。'
16  else:
17      msg = '输入的数据不可以转换为数值类型。'
```

```
18
19  #以下代码用于进行程序输出
20  print(msg)
21
22  print()                              #输出空行
23  #如果双击运行程序，则插入以下代码后，可以看到屏幕输出结果
24  input("按回车键结束程序......")
```

程序运行结果如图 3-4 所示。

```
请输入数据：12.345              请输入数据：12..345
输入的数据可以转换为数值类型。    输入的数据不可以转换为数值类型。

按回车键结束程序......          按回车键结束程序......
```

图 3-4　例 3-3 程序运行结果

13 行：去除输入字符串中的首尾空格，以标准化输入。

14 行：按照分析的十进制数字串的特征写出条件表达式。

例 3-4　编程模拟一个猜硬币游戏。

分析：向空中抛硬币，硬币落地后正面朝上是随机发生的。使用计算机随机产生 0、1 数字，其分别代表正面（0）、反面（1），从键盘输入 0 或 1，如果输入的数字和随机数相同，则表示猜对了。

方法 1：仅限输入 0 或 1。

参考程序如下。

```
01  #!/usr/bin/env python3
02  """
03      实验 3_例 4：猜硬币游戏
04      ******************************************************
05      文件名：exp3_4.py
06
07  """
08  #以下代码用于编写程序用到的库/包
09  from random import *
10
11  #以下代码用于进行程序输入
12  x = str(randint(0,1))
13  guess = input("是正面还是反面？")
14
15  #以下代码用于进行程序处理(计算)
16  guess = guess.strip()                 #去除首尾空格
17  if x == guess:
18      msg = '恭喜你！猜对了'
```

```
19  else:
20      msg = '猜错了，再来一次！'
21
22  #以下代码用于进行程序输出
23  print(msg)
24
25  print()                          #输出空行
26  #如果双击运行程序，则插入以下代码后，可以看到屏幕输出结果
27  input("按回车键结束程序......")
```

程序运行结果如图 3-5 所示。

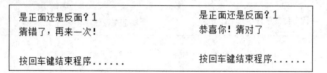

是正面还是反面？1
猜错了，再来一次！

按回车键结束程序......

是正面还是反面？1
恭喜你！猜对了

按回车键结束程序......

图 3-5　例 3-4 程序运行结果（使用方法 1）

09 行：导入 random（随机数）库。

12 行：生成 0～1 中的随机整数并将其转换为字符串。random 库中的 randint()函数用来生成随机整数，该函数的语法为 random.randint(a,b)，表示函数返回正数 N，N 为 a 到 b 之间的正数（a≤N≤b）。

17 行：随机数（字符串）与输入的数字（字符串）进行比较。

方法 2：为了使用户体验更加友好，可以把输入限制放宽。例如，可以输入"正""反"、"A""B"、"上""下"等代表硬币的正反面。

参考程序如下。

```
01  #!/usr/bin/env python3
02  """
03      实验 3_例 4：猜硬币游戏
04      **************************************************
05      文件名：exp3_4_2.py
06
07  """
08  #以下代码用于编写程序用到的库/包
09  from random import *
10
11  #以下代码用于进行程序输入
12  x = randint(0,1)
13  guess = input(f"是正面还是反面？(提示：{x})")
14
15  #以下代码用于进行程序处理(计算)
16  guess = guess.strip()                        #去除首尾空格
```

```
17   if x:
18       if (guess == '正' or  guess == 'A' or guess == '上') :
19           msg = '恭喜你!猜对了'
20       else:
21           msg = '猜错了,再来一次!'
22   else:
23       if (guess == '反' or  guess == 'B' or guess == '下') :
24           msg = '恭喜你!猜对了'
25       else:
26           msg = '猜错了,再来一次!'
27
28   #以下代码用于进行程序输出
29   print(msg)
30
31   print()                        #输出空行
32   #如果双击运行程序,则插入以下代码后,可以看到屏幕输出结果
33   input("按回车键结束程序......")
```

程序运行结果如图 3-6 所示。

```
是正面还是反面?(提示:0)下          是正面还是反面?(提示:1)A          是正面还是反面?(提示:1)X
恭喜你!猜对了                       恭喜你!猜对了                       猜错了,再来一次!

按回车键结束程序......              按回车键结束程序......              按回车键结束程序......
```

图 3-6　例 3-4 程序运行结果（使用方法 2）

12 行：获得随机整数 0 或 1。

16 行：随机整数 x 作为条件，非零即为真，所以不需要再使用 "x == 1" 进行判断。

18 行～21 行：嵌入到第一层 if 的语句块，判断随机整数是 1（正面）时的用户输入。

23 行～26 行：嵌入到第一层 else 的语句块，判断随机整数是 0（反面）时的用户输入。

18 行：条件表达式用逻辑或连接几个关系运算，罗列出所有可能的输入。

方法 3：如果进一步放宽输入，18 行的条件表达式会不会越来越冗长？有没有更简洁的形式？

参考程序如下。

```
01   #!/usr/bin/env python3
02   """
03       实验3_例4:猜硬币游戏
04       **********************************************************
05       文件名:exp3_4_3.py
06
```

```
07    """
08    #以下代码用于编写程序用到的库/包
09    from random import *
10
11    #以下代码用于进行程序输入
12    x = randint(0,1)
13    guess = input(f"是正面还是反面？(提示：{x})")
14
15    #以下代码用于进行程序处理(计算)
16    guess = guess.strip()                    #去除首尾空格
17    heads = ['正','正面','A','上','1']
18    tails = ['反','反面','B','下','0']
19    if x:
20        if guess in heads :
21            msg = '恭喜你! 猜对了'
22        else:
23            msg = '猜错了，再来一次！'
24    else:
25        if guess in tails :
26            msg = '恭喜你! 猜对了'
27        else:
28            msg = '猜错了，再来一次！'
29
30    #以下代码用于进行程序输出
31    print(msg)
32
33    print()                                  #输出空行
34    #如果双击运行程序，则插入以下代码后，可以看到屏幕输出结果
35    input("按回车键结束程序......")
```

17 行：把所有可能表示"正面"的输入项存储到列表 heads 中。

18 行：把所有可能表示"反面"的输入项存储到列表 tails 中。

20 行：使用成员运算符 in 判断输入是否在列表 heads 中，简化了逻辑判断。

例 3-5 编写程序，计算下列分段函数的值。

$$f(x) = \begin{cases} 3x - 5, & x > 1 \\ x + 2, & -1 \leqslant x \leqslant 1 \\ 5x + 3, & x < -1 \end{cases}$$

分析：如果要构造出更多的分支，则可以使用 if...elif...else...结构。编写程序时，要注意区间是否连续。

```
01    #!/usr/bin/env python3
02    """
```

```
03     实验3_例5：计算分段函数的值
04     *******************************************************
05     文件名:exp3_5.py
06
07     """
08
09     #以下代码用于进行程序输入
10     x = float(input('x = '))
11
12     #以下代码用于进行程序处理(计算)
13     if x > 1:
14         y = 3 * x - 5
15     elif x >= -1:
16         y = x + 2
17     else:
18         y = 5 * x + 3
19
20     #以下代码用于进行程序输出
21     print(f'f({x:.2f}) = {y:.2f}')
22
23     print()                          #输出空行
24     #如果双击运行程序，则插入以下代码后，可以看到屏幕输出结果
25     input("按回车键结束程序......")
```

程序运行结果如图 3-7 所示。

```
x = -3
f(-3.00) = -12.00

按回车键结束程序......
```

图 3-7　例 3-5 程序运行结果

例 3-6　英制单位英寸和公制单位厘米互换。例如，输入 10in，输出 25.4cm；输入 25.4cm，输出 10in。

分析：根据输入字符串的后两位确定英制/公制，以选择使用不同的算法。

参考程序如下。

```
01     #!/usr/bin/env python3
02     """
03     实验3_例6：英制单位英寸和公制单位厘米互换
04     *******************************************************
05     文件名:exp3_6.py
06
07     """
```

```
08
09   #以下代码用于进行程序输入
10   x = input('请输入长度: ').strip()
11
12   #以下代码用于进行程序处理(计算)
13   value = float(x[:-2])
14   unit = x[-2:]
15   if unit == 'in':
16       msg = f'{value:.2f}英寸 = {(value * 2.54):.2f}厘米'
17   elif unit == 'cm':
18       msg = f'{value:.2f}厘米 = {(value / 2.54):.2f}英寸'
19   else:
20       msg = '请输入有效的单位'
21
22   #以下代码用于进行程序输出
23   print(msg)
24
25   print()                          #输出空行
26   #如果双击运行程序,则插入以下代码后,可以看到屏幕输出结果
27   input("按回车键结束程序......")
```

程序运行结果如图 3-8 所示。

```
请输入 长度: 25.4cm          请输入 长度: 10in
25.40厘米 = 10.00英寸        10.00英寸 = 25.40厘米

按回车键结束程序......        按回车键结束程序......
```

图 3-8 例 3-6 程序运行结果

13 行：从输入字符串中切取数字部分，并将其转换为浮点数。

14 行：从输入字符串中切取后两位计量单位部分。

16 行：英寸换算为厘米，结果保留 2 位有效数字。

18 行：厘米换算为英寸，结果保留 2 位有效数字。

三、实验内容

1. 选择题

（1）Python 通过（   ）来判断当前语句是否在选择结构中。

    A．括号   B．缩进   C．冒号   D．大括号

（2）程序的 3 种基本结构包括（   ）。

    A．过程结构、对象结构、函数结构

    B．顺序结构、跳转结构、循环结构

C．顺序结构、循环结构、分支结构

D．过程结构、循环结构、分支结构

（3）以下关于程序控制结构的描述，错误的是（　　　）。

A．分支结构包括单分支结构和双分支结构

B．双分支结构组合形成多分支结构

C．程序由 3 种基本结构组成

D．Python 中能使用分支结构写出循环的算法

（4）以下关于 Python 的控制结构的描述，错误的是（　　　）。

A．每个 if 条件后都要使用冒号

B．在 Python 中，没有 switch…case 语句

C．Python 中的 pass 是空语句，一般用作占位语句

D．elif 可以单独使用

（5）下列一元二次方程求根的表达式，正确的是（　　　）。

A．x1=(-b+sqrt(b^2-4*a*c))/2/a

B．x1=(-b+sqrt(b*b-4*a*c))/2/a

C．x1=(-b+(b^2-4*a*c)**0.5)/2/a

D．x1=(-b+(b^2-4*a*c)**0.5)/2*a

（6）以下关于 Python 的分支结构的描述，错误的是（　　　）。

A．分支结构使用 if 保留字

B．if…else 语句用于形成二分支结构

C．if…elif…else…语句用于描述多分支结构

D．分支结构可以向已经执行过的语句部分跳转

（7）关于 if 的语句，以下描述错误的是（　　　）。

A．if thisyear == 2020: print("bad time")

B．if 90<=x<=100: 表达的是 x 如果属于[90,100]

C．print("bad time" if thisyear == 2020 else "good time")

D．if a>b>c:等价于 if a>b and a>c:

（8）关于 Python 中的数值描述，错误的是（　　　）。

A．Python 中不能直接使用==来判定两个浮点数相等

B．可以使用科学记数法来描述 float 数据类型，如 1e-6 表示的是 10^{-6}

C．range(min,max) 可以产生一个依次增 1 的数值序列，其范围是[min,max]

D．bool 数据类型可以参与数学运算，此时 True 转换为 1，False 会转换为 0

（9）表达式 1001 == 0x3e7 的结果是（　　　）。

A．false　　　　　　B．False　　　　　　C．true　　　　　　D．True

（10）表达式'y'<'x' == False 的结果是（　　　）。

A．True　　　　　　B．Error　　　　　　C．None　　　　　　D．False

（11）下列选项中描述正确的是（　　　）。

A．条件 55>45<75 是合法的，且输出为 True

    B．条件 55>45<75 是不合法的，且输出为 False

    C．条件 45<=(55<75)是合法的，且输出为 True

    D．条件 45<=(55<75)是不合法的，且输出为 False

（12）下列表达式的运算结果是（　　　）。

```
>>> a = 100
>>> b = False
>>> a * b > -1
```

    A．True　　　　　　B．1　　　　　　C．0　　　　　　D．False

（13）设 x = 10，y = 20，下列语句能正确运行的是（　　　）。

    A．max = x >y ? x : y

    B．if(x>y) print(x)

    C．min = x if x < y else y

    D．while True: Pass

（14）以下选项中，值为 False 的是（　　　）。

    A．'abc' <'abcd'　　　　　　　　　　　B．' ' <'a'

    C．'Hello' >'hello'　　　　　　　　　　D．'abcd' <'ad'

（15）关于分支结构，以下选项描述不正确的是（　　　）。

    A．if 语句中的条件部分可以使用任何能够产生 True 和 False 的语句及函数

    B．二分支结构有一种紧凑形式，使用保留字 if 和 elif 实现

    C．多分支结构用于设置多个判断条件以及对应的多条执行路径

    D．if 语句中，语句块执行与否依赖于条件判断

（16）以下选项中，输出结果是 False 的是（　　　）。

    A．>>> 5 is not 4

    B．>>> 5 != 4

    C．>>> False!= 0

    D．>>> 5 is 5

（17）关于 a or b 的描述，错误的是（　　　）。

    A．如果 a=True，b=True，则 a or b 等于 True

    B．如果 a=True，b=False，则 a or b 等于 True

    C．如果 a=True，b=True，则 a or b 等于 False

    D．如果 a=False，b=False，则 a or b 等于 False

2．读程序题

（1）以下程序的输出结果是＿＿＿＿＿＿＿＿＿＿＿＿＿。

```
a = 30
b = 1
if a >=10:
```

```
    a = 20
elif a>=20:
    a = 30
elif a>=30:
    b = a
else:
    b = 0
print('a={}, b={}'.format(a,b))
```

（2）以下程序的输出结果是_____。

```
t = "Python"
print(t if t>="python" else "None")
```

（3）以下程序的输出结果是_____。

```
i = 10
j = 20
if i > j:
    print('%d 大于 %d' % (i,j))
elif i == j:
    print('%d 等于 %d' % (i,j))
elif i < j:
    print('%d 小于 %d' % (i,j))
else:
    print('未知')
```

（4）以下语句执行后，a、b、c 的值分别是_____。

```
a = "watermelon"
b= "strawberry"
c = "cherry"
if a > b:
    c = a
    a = b
    b = c
```

3. 填空题

（1）输入一个点坐标(x,y)，判断该点在坐标系中的位置，请填空。

```
x,y = _____(input("请以 x,y 的形式输入一个点的横纵坐标："))
if x == 0 _____ y == 0:
    print("该点是原点")
elif x*y == 0:
    if x == 0:
```

```
            print("该点在纵坐标轴上")
        else:
            print("该点在横坐标轴上")
    elif _____ :
        if x>0:
            print("该点在第一象限")
        else:
            print("该点在第三象限")
    else:
        if x>0:
            print("该点在第四象限")
        else:
            print("该点在第二象限")
```

（2）输入 3 个数，输出其中的最大值，请填空。

```
a,b,c=eval(input())
if a <= b:
    if c < b:
        print ("%d是最大的数" % b)
    else:
        print (_____)
else:
    if c < a:
        print (_____)
    else:
        print (_____)
```

4. 编程题

（1）编写程序，实现用户名和密码验证。例如：输入用户名、密码，如果都正确，则输出"身份验证成功!"；否则，输出"身份验证失败!"。

（2）编写程序，模拟掷骰子，根据骰子点数决定活动项目。例如：骰子为 1 点时，输出"唱首歌"；骰子为 2 点时，输出"跳支舞"；等等。

（3）编写程序，把百分制成绩转换为等级制。

成绩的百分制和等级制的转换关系如下：90 分及以上→A；80～89 分→B；70～79 分→C；60～69 分→D；60 分以下→E。

（4）编写程序，实现人民币和美元的互换，要求输出保留 2 位小数。（假定 1 美元=8.356 元人民币。）

要求：输入￥10，输出$1.20；输入$10，输出￥83.56。

（5）编写程序，输入 4 位数字年份，判断该年份是否为闰年。

（6）编写程序，计算企业发放的奖金。发放规则如下：利润低于或等于 10 万元时，奖金可提 10%；利润高于 10 万元、低于 20 万元时，高于 10 万元的部分按 7.5%提成；利润高于或等于 20 万元、低于 40 万元时，高于或等于 20 万元的部分按 5%提成；利润高于或等于 40 万元、低于 60 万元时，高于或等于 40 万元的部分按 3%提成；利润高于或等于 60 万元、低于或等于 100 万元时，高于或等于 60 万元的部分按 1.5%提成；利润高于 100 万元时，高于 100 万元的部分按 1%提成。从键盘输入当月利润，求应发放奖金总数。

四、问题讨论

（1）使用海伦公式计算三角形的面积时，3 条边长能否一次输入？

（2）在例 3-1 和例 3-2 中，如果用户输入了非数字形式的数据，则可能导致程序出错（异常），怎么避免这种异常？

（3）在编写分段函数求值程序时，如果分段区间不连续，则程序该怎么处理？

实验 4　循环结构程序设计

一、实验目的

（1）掌握 for 循环语句的使用方法。
（2）掌握 while 循环语句的使用方法。
（3）掌握 break、continue 语句的使用方法。
（4）了解列表生成式（推导式）的语法和应用。
（5）了解 map()/filter()/reduce()/zip()函数的功能及应用。

二、范例分析

例 4-1　编写程序，计算 1+2+3+…+100 的和。

分析：这是一个等差序列求和问题，计算机一般采用循环迭代方法计算序列和。如果明确知道循环执行的次数或者要对一个容器（字符串、列表、元组或字典等）进行迭代，那么推荐使用 for…in 循环。

参考程序如下。

```
01  #!/usr/bin/env python3
02  """
03     实验 4_例 1：计算 1+2+3+…+100 的和
04     ***************************************************
05     文件名:exp4_1.py
06
07  """
08
09  #以下代码用于进行程序处理(计算)
10  sum = 0
11  for i in range(101):
12      sum += i
13
14  #以下代码用于进行程序输出
15  print(f'1+2+3+…+100 = {sum}')
16
17  print()                          #输出空行
18  #如果双击运行程序，则插入以下代码后，可以看到屏幕输出结果
19  input("按回车键结束程序......")
```

程序运行结果如图 4-1 所示。

```
1+2+3+···+100 = 5050

按回车键结束程序......
```

图 4-1 例 4-1 程序运行结果

10 行：sum（保存累加和）初始化为 0，同时创建了对象 sum，否则在 12 行将报错。

11 行：在执行代码时，i 依次取值 1，2，3，···，100。Python 3 的 range()函数返回的是一个可迭代对象（类型是对象），而不是列表类型（Python 2 中返回的是列表）。range()函数的语法格式如下。

```
range(stop)
range(start, stop[, step])
```

其中，各参数的含义如下。

start：计数从 start 开始，默认从 0 开始。例如，range(5)等价于 range(0,5)。

stop：计数到 stop 结束，但不包括 stop。例如，range(0,5)表示[0, 1, 2, 3, 4]，不包括 5。

step：步长，默认为 1。例如，range(0,5)等价于 range(0, 5, 1)。

12 行：与 sum = sum + i 等效，以迭代方式计算累加和。

如果把问题变为计算 1+3+7+···+99，则把 11 行改为以下语句即可。

```
for i in range(1,100,2):
```

例 4-2 编写程序，计算分数序列 $f = 2/1 + 3/2 + 5/3 + 8/5 + 13/8 + 21/13 + \cdots$ 前 20 项之和。

分析：把前一项分式表示为 a/b，则后一项分式表示为 $(a+b)/a$，以此类推，可以计算出整个序列。

方法 1：用递推方式计算每一项分式。

参考程序如下。

```
01  #!/usr/bin/env python3
02  """
03    实验 4_例 2：计算分数序列 2/1+3/2+5/3+8/5+13/8+21/13+···
04    **************************************************
05    文件名:exp4_2.py
06
07  """
08
09  #以下代码用于进行程序处理(计算)
10  f = 0
11  a = 2.0
12  b = 1.0
13  for i in range(1,21):
14      f += a / b
```

```
15     t = a
16     a = a + b
17     b = t
18
19  #以下代码用于进行程序输出
20  print(f'2/1+3/2+5/3+8/5+13/8+21/13+... = {f:.3f}')
21
22  print()                          #输出空行
23  #如果双击运行程序，则插入以下代码后，可以看到屏幕输出结果
24  input("按回车键结束程序......")
```

程序运行结果如图 4-2 所示。

```
2/1+3/2+5/3+8/5+13/8+21/13+… = 32.660

按回车键结束程序......
```

图 4-2 例 4-2 程序运行结果（使用方法 1）

10 行～12 行：变量赋初值。

14 行：累加一项分式。

15 行：暂存前一项分子。

16 行：计算下一项分子。

17 行：更新下一项分母为前一项分子。

在 Python 语言中，数值类型是不可变的数据类型，在程序中为变量再次赋值时，变量名实际上已经指向了新的对象。15 行～17 行还可以使用更简洁的代码形式，即：

```
b,a = a , a + b
```

方法 2：用列表方法记录并计算每一项分式。

参考程序如下。

```
01  #!/usr/bin/env python3
02  """
03   实验 4_例 2：计算分数序列 2/1+3/2+5/3+8/5+13/8+21/13+…
04   *************************************************************
05   文件名:exp4_2_2.py
06
07  """
08
09  #以下代码用于进行程序处理(计算)
10  f = 0
11  la = [2]
12  lb = [1]
13  for i in range(1,21):
```

```
14        f += la[i-1] / lb[i-1]
15        la.append(la[i-1]+lb[i-1])
16        lb.append(la[i-1])
17
18    #以下代码用于进行程序输出
19    print(la)
20    print(lb)
21    print(f'2/1+3/2+5/3+8/5+13/8+21/13+... = {f:.3f}')
22
23    print()                          #输出空行
24    #如果双击运行程序，则插入以下代码后，可以看到屏幕输出结果
25    input("按回车键结束程序......")
```

程序运行结果如图 4-3 所示。

```
[2, 3, 5, 8, 13, 21, 34, 55, 89, 144, 233, 377, 610, 987, 1597, 2584, 4181, 6765, 10946, 17711, 28657]
[1, 2, 3, 5, 8, 13, 21, 34, 55, 89, 144, 233, 377, 610, 987, 1597, 2584, 4181, 6765, 10946, 17711]
2/1+3/2+5/3+8/5+13/8+21/13+... = 32.660

按回车键结束程序......
```

图 4-3　例 4-2 程序运行结果（使用方法 2）

11 行和 12 行：新建两个各含一个初始元素的列表。

15 行：append()方法用于在 la 列表末尾添加新的元素（前一项分子、分母和）。

16 行：在 lb 列表末尾添加新的元素（前一项分子）。

19 行和 20 行：输出两个列表。

例 4-3　输入一个整数，判断其是否为素数。

分析：素数（又称质数）是指在大于 1 的自然数中，除了 1 和它本身外，不能被其他自然数整除的数。输入 N，程序从 2 开始逐一进行测试，如果能够整除，则终止测试；如果不能整除，则试下一个数，试到 N-1 为止。

方法 1：试除法求素数。

参考程序如下。

```
01    #!/usr/bin/env python3
02    """
03     实验 4_例 3：输入一个整数，判断其是否为素数
04     ************************************************
05     文件名:exp4_3.py
06
07    """
08
09    #以下代码用于编写程序用到的库/包
10    from math import *
11
```

```
12    #以下代码用于进行程序输入
13    num = int(input('请输入一个大于 1 的整数: '))
14
15    #以下代码用于进行程序处理(计算)
16    is_prime = True
17    for x in range(2, num):
18        if num % x == 0:
19            is_prime = False
20            break
21
22    #以下代码用于进行程序输出
23    if is_prime:
24        print('%d是素数' % num)
25    else:
26        print('%d不是素数' % num)
27
28    print()                          #输出空行
29    #如果双击运行程序,则插入以下代码后,可以看到屏幕输出结果
30    input("按回车键结束程序......")
```

程序运行结果如图 4-4 所示。

```
请输入一个大于1的整数: 13          请输入一个大于1的整数: 87
13是素数                          87不是素数

按回车键结束程序......            按回车键结束程序......
```

图 4-4 例 4-3 程序运行结果

13 行:输入的数据由字符型转换为整型。

16 行:素数的判断标志,初值为"真"。

17 行:for 循环中,x 从 2 开始,直到 num-1。

18 行:判断模运算结果是否为 0。

19 行:能够整除,素数的判断标志为"假"。

20 行:使用 break 语句跳出 for 循环。

方法 2:改进试除法的终止条件。

参考程序如下。

```
01    #!/usr/bin/env python3
02    """
03       实验 4_例 3:输入一个整数,判断其是否为素数
04       ********************************************************
05       文件名:exp4_3.py
06
```

```
07  """
08
09  #以下代码用于编写程序用到的库/包
10  from math import *
11
12  #以下代码用于进行程序输入
13  num = int(input('请输入一个大于 1 的整数：'))
14
15  #以下代码用于进行程序处理(计算)
16  is_prime = True
17  end = int(sqrt(num))
18  for x in range(2, end + 1):
19      if num % x == 0:
20          is_prime = False
21          break
22
23  msg = f'{num}是素数' if is_prime else f'{num}不是素数'
24
25  #以下代码用于进行程序输出
26  print(msg)
27
28  print()                              #输出空行
29  #如果双击运行程序，则插入以下代码后，可以看到屏幕输出
30  input("按回车键结束程序......")
```

17 行：循环终值可以到 $\sqrt{num}+1$ 。

23 行：如果 if...else 中的语句块只有一行，则可以采用 if 三元表达式。如果条件为真，则返回 if 前的表达式，否则返回 else 后的表达式。

例 4-4　编写程序，计算 s=a+aa+aaa+aaaa+···+aa···a 的值，其中 a 是一个数字。例如，2+ 22+222+2222+22222（此时共有 5 个数相加）。

分析：表达式在第一项 a，下一项 = 前一项 * 10 + a，以此类推。在循环中先累加前一项，再迭代出下一项。

方法 1：迭代法计算。

参考程序如下。

```
01  #!/usr/bin/env python3
02  """
03    实验 4_例 4：计算 s=a+aa+aaa+aaaa+···+aa···a 的值
04    *************************************************
05    文件名:exp4_4.py
06
07  """
```

```
08
09  #以下代码用于进行程序输入
10  a = int(input('请输入a: '))
11  n = int(input('请输入n: '))
12
13  #以下代码用于进行程序处理(计算)
14  x = a
15  s = 0
16  for _ in range(0,n):
17      s += x
18      x = x * 10 +a
19
20  #以下代码用于进行程序输出
21  print(f's={s}')
22
23  print()                              #输出空行
24  #如果双击运行程序,则插入以下代码后,可以看到屏幕输出结果
25  input("按回车键结束程序......")
```

程序运行结果如图 4-5 所示。

```
请输入a: 2
请输入n: 5
s=24690

按回车键结束程序......
```

图 4-5 例 4-4 程序运行结果(使用方法 1)

16 行:下划线(_)也可以做变量名,这个变量一般不会被引用。

方法 2:使用列表计算。

参考程序如下。

```
01  #!/usr/bin/env python3
02  """
03    实验4_例4:计算 s=a+aa+aaa+aaaa+…+aa…a 的值
04    *********************************************
05    文件名:exp4_4_2.py
06
07  """
08
09  #以下代码用于进行程序输入
10  a = int(input('请输入a: '))
11  n = int(input('请输入n: '))
```

```
12
13  #以下代码用于进行程序处理(计算)
14  ls = [a]
15  for _ in range(1,n):
16      ls.append(ls[-1]*10+a)
17
18  #以下代码用于进行程序输出
19  print(ls)
20  print(f's={sum(ls)}')
21
22  print()                          #输出空行
23  #如果双击运行程序，则插入以下代码后，可以看到屏幕输出结果
24  input("按回车键结束程序......")
```

程序运行结果如图 4-6 所示。

```
请输入a: 2
请输入n: 5
[2, 22, 222, 2222, 22222]
s=24690

按回车键结束程序......
```

图 4-6 例 4-4 程序运行结果（使用方法 2）

14 行：ls 列表初始元素为 a。

16 行：向列表追加新元素，新元素为原列表的最后一个元素 * 10 + a。

20 行：使用 sum() 函数计算列表元素的累加和。

方法 3：列表推导计算。

参考程序如下。

```
01  #!/usr/bin/env python3
02  """
03    实验 4_例 4：计算 s=a+aa+aaa+aaaa+…+aa…a 的值
04    ***************************************************
05    文件名:exp4_4_3.py
06
07  """
08
09  #以下代码用于进行程序输入
10  a = int(input('请输入a: '))
11  n = int(input('请输入n: '))
12
13  #以下代码用于进行程序处理(计算)
14  print([i for i in range(1,n+1)])
```

```
15   print(['2'*i for i in range(1,n+1)])
16   print([int('2'*i) for i in range(1,n+1)])
17   print(sum([int('2'*i) for i in range(1,n+1)]))
18
19   print()                        #输出空行
20   #如果双击运行程序，则插入以下代码后，可以看到屏幕输出结果
21   input("按回车键结束程序......")
```

程序运行结果如图 4-7 所示。

```
请输入a: 2
请输入n: 5
[1, 2, 3, 4, 5]
['2', '22', '222', '2222', '22222']
[2, 22, 222, 2222, 22222]
24690

按回车键结束程序......
```

图 4-7　例 4-4 程序运行结果（使用方法 3）

14 行～16 行演示了列表推导的过程。

14 行：循环变量 i 在循环中的值为 1～5，推导出列表[1,2,3,4,5]。

15 行：'a'*i 推导出一个字符串列表。

16 行：int()函数用于把字符串数据转换为整型数据。

17 行：sum()函数对列表求和，完成题目要求的计算。

整个题目只需要 10 行、11 行、17 行就可以计算出来。Python 语言的优雅、简洁、高效可见一斑。

例 4-5　从键盘输入一组数据（多于 3 个），输入"X"后停止，去掉数据中的最大值和最小值后，计算其余数据的平均值。

分析：输入数据个数不确定，采用 while 循环实现。输入的数据追加到列表中，并进行排序和计算。

方法 1：循环输入数据。

参考程序如下。

```
01   #!/usr/bin/env python3
02   """
03     实验 4_例 5：一组数据去掉最大值和最小值后，计算平均值
04     ********************************************************
05     文件名:exp4_5.py
06
07   """
08
09   ls = []
10   while True:
```

```
11        x = input("请输入数值，输入 X 结束：")
12        if x.upper() == 'X':
13            break
14        ls.append(int(x))
15
16    print(f'全部数据：{ls}')
17    ls.sort()
18    print(f'排序后：{ls}')
19    ls.remove(ls[0])                    #删除第一个元素
20    ls.remove(ls[-1])                   #删除最后一个元素
21    print(f'去极值后：{ls}')
22    print(f'平均值：{sum(ls)/len(ls)}')
23    print()                            #输出空行
24    #如果双击运行程序，则插入以下代码后，可以看到屏幕输出结果
25    input("按回车键结束程序......")
```

程序运行结果如图 4-8 所示。

```
请输入数值，输入X结束：1
请输入数值，输入X结束：9
请输入数值，输入X结束：3
请输入数值，输入X结束：3
请输入数值，输入X结束：3
请输入数值，输入X结束：3
请输入数值，输入X结束：x
全部数据：[1, 9, 3, 3, 3, 3]
排序后：[1, 3, 3, 3, 3, 9]
去极值后：[3, 3, 3, 3]
平均值：3.0
```

图 4-8　例 4-5 程序运行结果（使用方法 1）

12 行：输入的字符转换为大写后和 "X" 进行比较，判断是否符合退出循环的条件。

14 行：输入的数据转换为整型，并追加到列表中。

17 行：列表排序。

19 行和 20 行：删除列表首尾元素（删除最大值和最小值）。

22 行：使用 len() 函数计算列表元素的个数。

方法 2：一次输入全部数据，数据间以 "," 分隔。

参考程序如下。

```
01    #!/usr/bin/env python3
02    """
03        实验 4_例 5：一组数据去掉最大值和最小值后，计算平均值
04        ************************************************************
05        文件名:exp4_5.py
06
```

```
07    """
08
09    x = input("请输入一组数值(用','隔开): ")
10    ls = x.replace(', ',',').split(',')
11    ls = [int(i) for i in ls]
12    print(f'全部数据：{ls}')
13    ls.sort()
14    print(f'排序后：{ls}')
15    ls.remove(ls[0])                    #删除第一个元素
16    ls.remove(ls[-1])                   #删除最后一个元素
17    print(f'去极值后：{ls}')
18    print(f'平均值：{sum(ls)/len(ls)}')
19    print()                            #输出空行
20    #如果双击运行程序，则插入以下代码后，可以看到屏幕输出结果
21    input("按回车键结束程序......")
```

程序运行结果如图 4-9 所示。

```
请输入一组数值(用','隔开): 1,2,3,4,5，6,7
全部数据：[1, 2, 3, 4, 5, 6, 7]
排序后：[1, 2, 3, 4, 5, 6, 7]
去极值后：[2, 3, 4, 5, 6]
平均值：4.0

按回车键结束程序......
```

图 4-9 例 4-5 程序运行结果（使用方法 2）

10 行：输入可能不规范，故使用 replace()函数把全角逗号（注意，输入数据 5 和 6 之间的逗号）替换为半角逗号；使用 split()函数用“,”把数字串拆为列表赋值给 ls 变量。

11 行：使用列表推导把字符型元素转换为整型元素后，再次赋值给 ls 变量。

例 4-6 编写程序，计算糖果总数。假设有一盒糖果，如果每次取 2 颗，则盒子里剩 1 颗；如果每次取 3 颗，则刚好取完；如果每次取 4 颗，则盒子里剩 1 颗；如果每次取 5 颗，则盒子里少 1 颗；如果每次取 6 颗，则盒子里剩 3 颗；如果每次取 7 颗，则刚好取完；如果每次取 8 颗，则盒子里剩 1 颗；如果每次取 9 颗，则刚好取完。

分析：采用枚举法，用题目给定的约束条件判断哪些数据是无用的，哪些是可能的解。能使命题成立者，即为问题的解。

参考程序如下。

```
01    #!/usr/bin/env python3
02    """
03      实验 4_例 6：计算糖果总数
04      ***********************************************
05      文件名:exp4_6.py
06
```

```
07    """
08
09    #以下代码用于进行程序处理(计算)
10    n = 9
11    while True:
12        if (n%2 == 1 and n%3 == 0 and n%4 == 1 and
13            n%5 == 5-1 and n%6 == 6-3 and n%7 == 0
14            and n%8 == 1 and n%9 == 0):
15            break
16        else:
17            n = n + 1
18    #以下代码用于进行程序输出
19    print(f"这个盒子里一共有{n}颗糖果")
20
21    print()                          #输出空行
22    #如果双击运行程序,则插入以下代码后,可以看到屏幕输出结果
23    input("按回车键结束程序......")
```

程序运行结果如图 4-10 所示。

```
这个盒子里一共有1449颗糖果

按回车键结束程序......
```

图 4-10　例 4-6 程序运行结果

10 行:循环初值 n = 9。

11 行:无限循环,循环退出条件由 12 行的条件确定。

12 行:使用逻辑与连接一组关系运算,筛选满足条件的 n。找到 n 后,立即结束循环。

三、实验内容

1. 选择题

(1) ls = [1,2,3,4,5,6],以下关于循环结构的描述错误的是(　　)。

　　A. 表达式 for i in range(len(ls)) 的循环次数与 for i in ls 的循环次数是一样的

　　B. 在表达式 for i in range(len(ls)) 与 for i in ls 的循环中,i 的值是一样的

　　C. 表达式 for i in range(len(ls)) 的循环次数与 for i in range(1,len(ls)+1) 的循环次数是一样的

　　D. 表达式 for i in range(len(ls)) 的循环次数与 for i in range(0,len(ls)) 的循环次数是一样的

(2) 以下关于分支和循环结构的描述,错误的是(　　)。

    A. Python 在分支和循环语句中使用类似 x<=y<=z 的表达式是合法的

    B. 分支结构中的代码块是用缩进来标记的

    C. 如果 while 循环设计不妥，则会出现死循环

    D. 双分支结构的<表达式 1> if <条件> else <表达式 2>形式适合用来控制程序分支

（3）以下关于循环结构的描述，错误的是（　　　）。

    A. 遍历循环的循环次数由遍历结构中的元素个数决定

    B. 非确定次数的循环的次数是根据条件判断来决定的

    C. 非确定次数的循环使用 while 语句来实现，确定次数的循环使用 for 或者 while 语句来实现

    D. 遍历循环对循环的次数是不确定的

（4）range(M,N)函数产生一个整数序列，整数范围为（　　　）。

    A. [M,N-1]　　　　　　　　　　　　B. [M,N]

    C. [M+1,N]　　　　　　　　　　　　D. [M-1,N]

（5）关于 Python 循环结构，以下选项描述错误的是（　　　）。

    A. 遍历循环中的遍历结构可以是字符串、文件、组合数据类型和 range()函数等

    B. break 用来跳出最内层 for 循环或 while 循环，脱离该循环后程序从循环代码后继续运行

    C. 每个 continue 语句只能跳出当前层次的循环

    D. Python 通过 for、while 等保留字提供遍历循环和无限循环结构

（6）下列有关 break 语句与 continue 语句的说法，不正确的是（　　　）。

    A. 当多个循环语句彼此嵌套时，break 语句只能结束当前循环

    B. continue 语句类似于 break 语句，必须在 for、while 循环中使用

    C. continue 语句用于结束循环，继续执行循环语句的后继语句

    D. break 语句用于结束循环，继续执行循环语句的后继语句

（7）以下代码的输出结果是（　　　）。

```
for s in "HelloWorld":
    if s=="W":
        continue
    print(s,end="")
```

    A. Hello　　　　　　B. World　　　　　　C. HelloWorld　　　D. Hellworld

（8）以下代码的输出结果是（　　　）。

```
s =["seashell","gold","pink","brown","purple","tomato"]
print(s[1:4:2])
```

    A. ['gold', 'pink', 'brown']

    B. ['gold', 'pink']

C.　['gold', 'pink', 'brown', 'purple', 'tomato']

D.　['gold', 'brown']

（9）以下代码的输出结果是（　　）。

```
a = [[1,2,3], [4,5,6], [7,8,9]]
s = 0
for c in a:
    for j in range(3):
        s += c[j]
print(s)
```

A.　0　　　　　　　B.　45　　　　　　　C.　24　　　　　　　D.　以上选项都不对

（10）下列选项中，不符合下述代码空白处的语法要求的是（　　）。

```
for var in_____:
print(var)
```

A.　range(0,10)　　　　　　　　　　B.　123

C.　"Hello"　　　　　　　　　　　　D.　1,2,3

（11）已知列表 lst=[1,2,3,4,5]，则表达式（　　）的值不为 5。

A.　lst[4]　　　　B.　lst[-1]　　　　C.　lst[5]　　　　D.　len(lst)

（12）已知列表 lst_score=[90,91,89,100,95]，则执行表达式 lst_score[1]=92 后，lst_score 的值为（　　）。

A.　[90, 92, 89, 100, 95]　　　　　　B.　[90,91,89,100,95]

C.　报错　　　　　　　　　　　　　　D.　[92,91,89,100,95]

（13）已知列表 lst=[[1,2,3],[4,5,6],[7,8,9]]，则表达式 lst[1][1]的值为（　　）。

A.　1　　　　B.　5　　　　C.　4　　　　D.　[4,5,6]

（14）已知列表 lst=[1,2,3]，则执行表达式 lst[1]='a'后，lst 的值为（　　）。

A.　报错　　　　　　　　　　　　　　B.　[1,'a',3]

C.　[1,a,3]　　　　　　　　　　　　　D.　[1,2,3]

（15）已知列表 lst=['ab','aa','abc','bcd']，则表达式 lst.count('a')的值为（　　）。

A.　1　　　　B.　2　　　　C.　3　　　　D.　0

（16）已知列表 lst=[1,2,3,4,5]，则以下表达式不能正确执行的是（　　）。

A.　max(lst)　　　　　　　　　　　　B.　min(lst)

C.　sum(lst)　　　　　　　　　　　　D.　round(lst)

（17）已知列表 lst=['a','b','c',1]，则以下不能删除值为 1 的元素的表示式为（　　）。

A.　lst.remove(1)　　　　　　　　　　B.　lst.pop()

C.　lst.remove(-1)　　　　　　　　　　D.　lst.pop(3)

（18）已知列表 lst=[5,3,2,4,1]，则以下能够改变列表 lst 中的元素顺序，使其按照值从大到小排列的表达式是（　　）。

A.　lst.reverse()　　　　　　　　　　B.　lst.sort(reverse=True)

C. sorted(lst,reverse=True)   D. lst[::-1]

（19）下列关于 break 和 continue 的描述，错误的是（   ）。

    A. 二者都会终止循环，但 break 是退出整个循环，continue 是终止本轮循环而进入下一轮循环

    B. 当循环嵌套时，如果 break 在内层循环内，则只能退出最内层循环

    C. 在 while 或 for 循环中，如果使用 break 退出循环，则不会执行其后的 else 语句

    D. continue 可终止循环，继续运行 for 或 while 结构后的语句

（20）以下不适合使用穷举算法进行计算的是（   ）。

    A. "百元买百鸡" 问题   B. 找出某个范围内的所有素数

    C. 破译由数字构成的密码   D. 计算一个整数所有位上的数值之和

2. 读程序题

（1）以下程序的输出结果是_____。

```python
for i in range(3):
    for s in "abcd":
        if s == "c":
            break
        print(s, end="")
```

（2）以下程序的输出结果是_____。

```python
s = ""
ls = [1,2,3,4]
for L in ls:
    s += str(L)
print(s)
```

（3）以下程序的输出结果是_____。

```python
for i in "the number changes":
    if i == "n":
        break
    else:
        print( i, end="")
```

（4）以下程序的输出结果是_____。

```python
for i in "CHINA":
    for k in range(2):
        print(i, end="")
        if i == 'N':
            break
```

（5）sum([1,9,3,7, 5])的结果是_____。

3. 填空题

（1）以下代码用于输出 10 以内的奇数，请填空。

```
for i in range(10):
    if i % 2 == 0:
        _____
    print(i,end=' ')
```

（2）编程计算 1!＋2!＋3!＋…＋10! 的结果，请填空。

```
i = 0
sum = 0
fac = 1
while _____:
    i = i + 1
    fac = fac * i
    _____
print(sum)
```

（3）我国有 14 亿人口，如果按人口年增长 0.8%计算，编程求多少年后我国人口将达到 26 亿，请填空。

```
n = 14
y = 0
while _____:
    y += 1
    n = n * (1 + 0.008)
print(y)
```

（4）找出 7 的倍数中十位上的数字为 2 的所有 3 位数，请填空。

```
for x in _____:
    if (x % 7 == 0) and (x // 10 % 10 == 2):
        print(x)
```

（5）用户分别从键盘输入两个列表 list1 和 list2，将列表 list2 合并到列表 list1 中，并在列表 list1 尾部添加两个数字 99 和 100，最后输出列表 list1，请填空。

```
list1 = eval(input())
list2 = eval(input())
_____
_____
_____
```

```
print(list1)
```

（6）输出由数字 1、2、3、4 组成、各位互不相同且无重复数字的 3 位数，并统计其个数，请填空。

```
total=0        #统计变量
for i in range(1,5):
    for j in range(1,5):
        for k in range(1,5):
            if _____:
                continue
            total += _____
            print(_____)        #输出 3 位数
print(total)
```

（7）

有一个长阶梯：

若每步上 2 阶，则最后剩 1 阶；

若每步上 3 阶，则最后剩 2 阶；

若每步上 5 阶，则最后剩 4 阶；

若每步上 6 阶，则最后剩 5 阶；

只有每步上 7 阶，最后刚好 1 阶也不剩。

请问：该阶梯至少有多少阶？

请将以下代码补充完整。

```
i = 1
while i<1000:
    if i % 2 == 1 and i % 3 == 2 and i % 5 == 4 \
            and i % 6 == 5 and i % 7 == 0:
        print(i)
        _____
    else:
        i += 1
```

（8）输出 2001～2500 年中的所有闰年，要求每行输出 8 个年份，请填空。

```
y = 2001
count = _____
flag = True            # 标记
while flag:
    if y % 4 == 0 and y % 100 != 0 or y % 400 == 0:
        if _____:        #如果个数是 8 的倍数，则换行
            print()
        print(y, end=' ')
```

```
        y += 1
        count += 1
    else:
        y += 1
    if y == 2500:
        flag = False
```

（9）以下程序的功能是依次显示 100、80、60、40、20 这 5 个数，请填空。

```
for i in range(_____ , 0 , _____ ):
    print(i,end='\t')
```

（10）输出斐波那契数列的前 15 项，请填空。

```
lst = _____
for i in range(2,_____):
    lst._____(lst[i-1]+lst[i-2])
print(lst)
```

4. 编程题

（1）编写程序，计算分数序列 f = 1−1/2+2/3−3/5+5/8−8/13+13/21+… 前 20 项之和。

（2）编写程序，计算 1～100 中所有偶数之和。

（3）输出所有的"水仙花数"。所谓"水仙花数"，是指一个 3 位数，其各位数字立方和等于该数本身。例如，153 是一个"水仙花数"，因为 $153=1^3+5^3+3^3$。

（4）判断并输出 100～200 中的所有素数。

（5）输入一行字符，分别统计出其中英文字母、空格、数字和其他字符的个数。

（6）猴子吃桃问题：猴子第一天摘下若干个桃子，当即吃了一半，还不过瘾，又多吃了一个；第二天早上它又将剩下的桃子吃掉一半，又多吃了一个；以后每天早上它都吃了前一天剩下桃子的一半再加一个桃子；到第 10 天早上，它再想吃桃子时，发现只剩下一个桃子了。编程求猴子第一天共摘了多少个桃子。

四、问题讨论

（1）什么情况下使用 for 循环？什么情况下使用 while 循环？

（2）break 语句与 continue 语句有何区别？

（3）对比字符串和列表的方法，它们有哪些方法相同？为什么？

实验 5　函数设计与调用

一、实验目的

（1）掌握函数的定义方法。
（2）掌握函数调用及参数传递方法。
（3）理解变量的作用域。
（4）掌握 lambda()函数的使用方法。

二、范例分析

例 5-1　编写程序，计算下式的值。

$$C_m^n = \frac{m!}{n!(m-n)!}, \quad m=7, n=3$$

分析：在上式中，要计算 3 次阶乘，如果分别用代码实现，则会有大量的重复代码。编程大师 Martin Fowler（马丁·福勒）曾经说过："代码有很多种坏味道，重复是最坏的一种！"要写出高质量的代码，首先要解决的是重复代码的问题。对于上面的问题，可以将重复功能"抽象"出来，并把这个功能封装到一个称之为"函数"的代码块中，在需要用到这个功能的位置，直接"调用"这个"函数"即可。

参考程序如下。

```
01  """
02      实验 5_例 1：利用阶乘函数计算表达式的值
03      ***********************************************
04      文件名:exp5_1.py
05
06  """
07
08  #用户自定义函数
09  def factorial(n):
10      """
11      求阶乘
12
13      :param n: 非负整数
14      :return: n 的阶乘
15      """
16      fac = 1
17      for i in range(1, n + 1):
18          fac *= i
```

```
19        return fac
20
21    #主函数
22    def main():
23        m = int(input('m = '))
24        n = int(input('n = '))
25
26        C = factorial(m) // factorial(n) // factorial(m-n)
27
28        print(f'C = {C}')
29
30    #程序以模块方式运行时执行以下代码
31    if __name__ == '__main__':
32        main()
33        print()                              #输出空行
34        #如果双击运行程序，则插入以下代码后，可以看到屏幕输出结果
35        input("按回车键结束程序......")
```

程序运行结果如图 5-1 所示。

```
m = 7
n = 3
C = 35

按回车键结束程序......
```

图 5-1 例 5-1 运行结果

09 行：定义函数 factorial()，在函数中完成阶乘计算功能。

10 行～15 行：函数文档字符串，文档字符串应该包含函数的功能，以及输入（参数）和输出（返回值）的详细描述。

22 行：定义主函数，在主函数中调用阶乘函数完成计算。

31 行：变量 __name__ 会随着运行环境的不同而变化。当程序被直接运行时，__name__ 变量返回 __main__，此时执行 main() 函数。如果程序被其他模块导入（import），则 __name__ 变量返回文件名，main() 函数不会被执行。当程序直接运行时，程序运行顺序是 31 行→32 行→22 行→26 行→9 行→……→33 行→34 行→35 行。

例 5-2 输入两个 4 位数字的年份，输出这个时间段内所有的闰年，输出格式要求每行输出 5 个年份。要求定义函数 is_leap_year() 来判断是否为闰年。

分析：在年份的循环中调用闰年判断函数，每输出 5 个年份后，输出一个"\n"。

方法 1：调用自定义函数判断闰年。

参考程序如下。

```
01    """
```

```
02    实验5_例2：输出时间段内所有的闰年
03    ************************************************
04    文件名：exp5_2.py
05
06    """
07
08    #用户自定义函数
09    def is_leap_year(year):
10        '''
11        功能：判断闰年
12
13        参数：year，即4位整数年份
14        返回值:True(闰年)/False(平年)
15        '''
16        return year % 400 == 0 or (year % 4 == 0 and year % 100 != 0)
17
18    #主函数
19    def main():
20        m = int(input('输入开始年份：'))
21        n = int(input('输入截止年份：'))
22
23        count = 0
24        for i in range(m, n+1):
25            #if is_leap_year(i) is True:
26            #if is_leap_year(i) == True:
27            if is_leap_year(i):
28                print(i, end='\t')
29                count += 1
30                if count % 5 == 0:
31                    print()
32
33    #程序以模块方式运行时执行以下代码
34    if __name__ == '__main__':
35        main()
36
37        print()                          #输出空行
38    #如果双击运行程序，则插入以下代码后，可以看到屏幕输出结果
39        input("按回车键结束程序......")
```

程序运行结果如图5-2所示。

```
输入开始年份: 1900
输入截止年份: 2020
1904    1908    1912    1916    1920
1924    1928    1932    1936    1940
1944    1948    1952    1956    1960
1964    1968    1972    1976    1980
1984    1988    1992    1996    2000
2004    2008    2012    2016    2020

按回车键结束程序......
```

图 5-2　例 5-2 程序运行结果（使用方法 1）

16 行：is_leap_year()函数返回闰年判断的结果，逻辑值。

25 行：is 用于判断运算符两端是否为同一个对象，True、False 是 Python 的内建对象。

26 行：==用于判断运算符两端的对象是否相等。例如，1 is 1.0 为假，1 == 1.0 为真。

27 行：is_leap_year()返回值直接做 if 的条件判断，比 25 行、26 行的处理更简洁、高效。25 行、26 行的代码已经被注释了，不会执行。

23 行：count 表示为闰年个数计数变量。

28 行：end='\t'用于输出闰年后加一个制表符，默认以换行符结尾。

30 行：count 能被 5 整除时输出一个空行（换行）。

方法 2：使用 prt_lst()、prt_lst2()、prt_lst3()等 3 个函数演示列表的输出。

参考程序如下。

```
01  """
02      实验 5_例 2：输出时间段内所有的闰年
03      *****************************************************
04      文件名:exp5_2_2.py
05
06  """
07
08  #用户自定义函数
09  def is_leap_year(year):
10      '''
11      功能：判断闰年
12
13      参数：year，即 4 位整数年份
14      返回值:True(闰年)/False(平年)
15      '''
16      return year % 400 == 0 or (year % 4 == 0 and year % 100 != 0)
17
18  def prt_lst(ls,n):
```

```
19      '''
20      功能：输出列表
21
22      参数：ls，即列表
23          n，即每行输出的元素
24      返回值:None
25      '''
26      for i in range(len(ls)):
27          print(ls[i],end='\t')
28          if (i+1) % n == 0:
29              print()
30
31  def prt_lst2(n):
32      '''
33      功能：输出列表
34
35      参数：n，即每行输出的元素
36      返回值:None
37      '''
38      global leaplst
39      for i in range(len(leaplst)):
40          print(leaplst[i],end='\t')
41          if (i+1) % n == 0:
42              print()
43
44  def prt_lst3(ls,n):
45      '''
46      功能：列表转换输出串
47
48      参数：ls，即列表
49          n，即每行输出的元素
50      返回值:格式化输出串
51      '''
52      msg = ''
53      for i in range(0,len(ls),n):
54          msg = msg + '\t'.join(map(str,ls[i:i+n])) + '\n'
55      return msg
56
57  #用户主函数
58  def main():
59      global leaplst
60      m = int(input('输入开始年份：'))
```

```
61        n = int(input('输入截止年份: '))
62
63        count = 0
64        leaplst = []
65        for i in range(m, n+1):
66            if is_leap_year(i):
67                leaplst.append(i)
68        prt_lst(leaplst,5)
69        print('\n' + '-' * 40)
70        prt_lst2(4)
71        print('\n' + '-' * 40)
72        print(prt_lst3(leaplst,6))
73
74    #程序以模块方式运行时执行以下代码
75    if __name__ == '__main__':
76        leaplst = []
77        main()
78
79        print()                          #输出空行
80        #如果双击运行程序，则插入以下代码后，可以看到屏幕输出结果
81        input("按回车键结束程序......")
```

程序运行结果如图 5-3 所示。

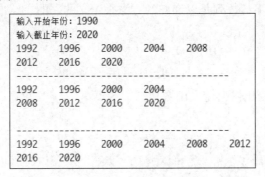

图 5-3　例 5-2 程序运行结果（使用方法 2）

76 行：程序中第一次创建了一个全局变量 leaplst，该变量在这个模块内都可以访问。

59 行：main()函数中使用 global 声明了变量 leaplst，该变量与 76 行的变量是同一个变量。

64 行：全局变量 leaplst 初始化为空列表。

67 行：如果 i 是闰年，则将其追加到 leaplst 列表中。

68 行～72 行：分别调用了 prt_lst()、prt_lst2()和 prt_lst3()这 3 个函数，每行分别输出 5 个闰年、4 个闰年和 6 个闰年的年份，比较输出结果。

18 行：prt_lst()函数有两个参数，ls 用于接收 main()函数调用时的列表 leaplst，n 是

每行输出的元素数。该函数中没有 return，表示没有返回值（None）。

31 行：prt_lst2()函数只有一个参数 n，38 行声明了全局变量（global leaplst），这个 leaplst 和 main()函数中的 leaplst 是同一个列表，通过全局变量方式传递了数据。

44 行：prt_lst3()函数有返回值，把输出的结果保存到字符串变量（msg）中，55 行用于输出返回值（return msg）。列表变量默认是全局变量，但是如果在函数中重新进行了初始化，如 64 行的 leaplst = [ ]（76 行第一次进行初始化），则列表不再是全局变量，除非在函数中再次声明（59 行）。

53 行：每行输出元素个数做循环步长。

54 行：ls[i:i+n]，每次循环从列表中取 n 个数据；map(str,ls[i:i+n])中，map()函数会用提供的函数(str)对指定序列(ls[i:i+n])做映射。其结果是把数值年份转换为字符串；'\t'.join(ls)中，join()函数用制表符（'\t'）连接列表中的字符串，形式为"年份 1\t 年份 2\t……"。msg = msg +……+'\n'中，每次循环中把字符串拼接起来，末尾加一个回车符（'\n'），以控制换行。

55 行：返回函数计算结果。

prt_lst3()函数是推荐的一种编程方式。该函数的"输入"和"输出"是通过参数的传递及返回实现的，一般情况下，不要在函数中使用 input、print。

例 5-3 输出斐波那契数列前 n 项。要求编写 fib()子程序来计算斐波那契数列，且输出时可以灵活指定每行输出的项数。

分析：斐波那契数列（Fibonacci sequence）又称黄金分割数列，指的是这样一个数列——0、1、1、2、3、5、8、13、21、34……

在数学上，斐波那契数列是以递归的方法来定义的，即

$$f(n) = \begin{cases} 0, & n = 0 \\ 1, & n = 1 \\ f(n-1) + f(n-2), & n > 1 \end{cases}$$

方法 1：调用本模块内自定义函数。

参考程序如下。

```
01  """
02  实验 5_例 3：输出斐波那契数列前 n 项
03  ********************************************************
04  文件名:exp5_3.py
05
06  """
07
08  #用户自定义函数
09  def fib(n):
10      '''
11      功能：计算第 n 项斐波那契数列
12
```

```
13        参数：第 n 项, n≥0
14        返回值：第 n 项斐波那契数列值
15        '''
16        f0,f1 = 0,1
17        for _ in range(n):
18            f0,f1 = f1,f0+f1
19        return f0
20
21    def prt_lst(ls,n):
22        '''
23        功能：输出列表
24
25        参数：ls，即列表
26            n，即每行输出的元素
27        返回值：None
28        '''
29        for i in range(len(ls)):
30            print(ls[i],end='\t')
31            if (i+1) % n == 0:
32                print()
33
34    #用户主函数
35    def main():
36        global fiblst
37        n = int(input('输入项数：'))
38        col = int(input('输入列数：'))
39
40        count = 0
41        fiblst = []
42        for i in range(0, n):
43            fiblst.append(fib(i))
44        prt_lst(fiblst,col)
45
46    #程序以模块方式运行时执行以下代码
47    if __name__ == '__main__':
48        main()
49
50        print()                        #输出空行
51        #如果双击运行程序，则插入以下代码后，可以看到屏幕输出结果
52        input("按回车键结束程序……")
```

程序运行结果如图 5-4 所示。

```
输入项数：20
输入列数：4
0           1           1           2
3           5           8           13
21          34          55          89
144         233         377         610
987         1597        2584        4181

按回车键结束程序......
```

图 5-4　例 5-3 程序运行结果（使用方法 1）

比较例 5-3 和例 5-2，会发现除了 fib()函数外，其他部分基本一样，prt_lst()函数更是直接复制过来的。

方法 2：导入其他模块中的函数。

参考程序如下。

```python
01  """
02      实验 5_例 3：输出斐波那契数列前 n 项
03      ************************************************
04      文件名:exp5_3_2.py
05
06  """
07  #导入用户模块
08  from exp5_2_2 import prt_lst3
09
10  #用户自定义函数
11  def fib(n):
12      '''
13      功能：计算第 n 项斐波那契数列
14
15      参数：第 n 项，n≥0
16      返回值:第 n 项斐波那契数列值
17      '''
18
19      if n==0:
20          return 0
21      elif n==1:
22          return 1
23      else:
24          return fib(n-1)+fib(n-2)
25
26  def fib2(n):
```

```
27      '''
28          功能：计算前 n 项斐波那契数列
29
30          参数：前 n 项，n≥0
31          返回值：前 n 项斐波那契数列值
32      '''
33      lst = []
34      if n==0:
35          return [0]
36      elif n==1:
37          return [0,1]
38      else:
39          lst=fib2(n-1)
40          lst.append(lst[-1]+lst[-2])
41          return lst
42
43  #用户主函数
44  def main():
45      global fiblst
46      n = int(input('输入项数：'))
47      col = int(input('输入列数：'))
48
49      count = 0
50      fiblst = []
51      for i in range(0, n):
52          fiblst.append(fib(i))
53
54      print(prt_lst3(fiblst,col))
55      print( '-' * 40)
56      print(prt_lst3(fib2(n-1),col))
57
58  #程序以模块方式运行时执行以下代码
59  if __name__ == '__main__':
60      main()
61
62      print()                          #输出空行
63      #如果双击运行程序，则插入以下代码后，可以看到屏幕输出结果
64      input("按回车键结束程序......")
```

程序运行结果如图 5-5 所示。

```
输入项数: 20
输入列数: 7
0         1         1         2         3         5         8
13        21        34        55        89        144       233
377       610       987       1597      2584      4181

--------------------------------------------------
0         1         1         2         3         5         8
13        21        34        55        89        144       233
377       610       987       1597      2584      4181

按回车键结束程序......
```

图 5-5　例 5-3 程序运行结果（使用方法 2）

08 行：从例 5-2 方法 2 的文件中直接导入 prt_lst3()函数。

11 行：fib()函数递归调用计算了斐波那契数列的第 n 项的值。

26 行：fib2()函数递归调用计算了斐波那契数列的前 n 项的值，该函数返回了数列的列表。

例 5-4　*摇骰子游戏：有 n 粒骰子，m 个人分别摇一次，计算其总点数。*

分析：使用随机数模拟骰子点数。默认有 2 粒骰子，人数不确定。

参考程序如下。

```
01   """
02   实验5_例4：摇骰子游戏
03   ***********************************************
04   文件名:exp5_4.py
05
06   """
07
08   #用户自定义函数
09   def roll_dice(n =2):
10       from random import randint
11       '''
12       功能：计算点数
13
14       参数：n 粒骰子
15       返回值:总点数
16       '''
17
18       total = 0
19       for _ in range(n):
20           total += randint(1, 6)
```

```
21          return total
22
23  def add(*args):
24          '''
25          功能：计算参数累加和
26
27          参数：参数个数不确定
28          返回值:累加和
29          '''
30          total = 0
31          for val in args:
32              total += val
33          return total
34
35  #用户主函数
36  def main():
37          a = roll_dice()
38          b = roll_dice(3)
39          c = roll_dice(1)
40
41          print(f'总点数：{add(a,b,c)}')
42
43  #程序以模块方式运行时执行以下代码
44  if __name__ == '__main__':
45          main()
46
47          print()                        #输出空行
48          #如果双击运行程序，则插入以下代码后，可以看到屏幕输出结果
49          input("按回车键结束程序......")
```

程序运行结果如图 5-6 所示。

```
总点数：25

按回车键结束程序......
```

图 5-6　例 5-4 程序运行结果

09 行：n=2，参数默认值，如果调用时不提供参数，则将使用默认值。

23 行：参数名前面的*表示 args 是一个可变参数，即在调用 add()函数时可以传入 0 个或多个参数。

37 行：第一个人摇了 2 粒骰子（默认值），得到 a 点。

38 行：第二个人摇了 3 粒骰子，得到 b 点。

39 行：第三个人摇了 1 粒骰子，得到 c 点。

41 行：调用 add()函数，计算这 3 个人摇骰子的总点数。

例 5-5 输出 1~100 中所有能被 3 整除的数。

分析：判断能否整除一般使用模运算后检查余数是否为零（x%3 == 0）。但此题要求判断一个范围内满足条件的所有数，有两种方法可实现此功能，一种方法是在循环中检查所有的数字；另一种方法是从满足条件的第一个数开始，每次加 3，新数字一定能被 3 整除，直到新数字超出范围。

方法 1：在循环中检查所有的数字。

参考程序如下。

```
01  '''
02     实验 5_例 5：输出 1~100 中所有能被 3 整除的数
03     *****************************************************
04     文件名:exp5_5.py
05
06  '''
07  #导入用户模块
08  from exp5_2_2 import prt_lst3
09
10  #用户主函数
11  def main():
12      n = int(input('输入项数：'))
13      col = int(input('输入列数：'))
14
15      lst = []
16      i = 3
17      while (i <= n):
18          lst.append(i)
19          i +=3
20
21      print(prt_lst3(lst,col))
22
23  #程序以模块方式运行时执行以下代码
24  if __name__ == '__main__':
25      main()
26
27      print()                        #输出空行
28      #如果双击运行程序，则插入以下代码后，可以看到屏幕输出结果
29      input("按回车键结束程序......")
```

程序运行结果如图 5-7 所示。

```
输入项数：100
输入列数：10
3       6       9       12      15      18      21      24      27      30
33      36      39      42      45      48      51      54      57      60
63      66      69      72      75      78      81      84      87      90
93      96      99
```

图 5-7　例 5-5 程序运行结果

17 行：while 条件语句用于控制循环。

方法 2：使用 filter()、lambda()函数实现。

参考程序如下。

```
01  '''
02      实验 5_例 5：输出 1~100 中所有能被 3 整除的数
03      ********************************************************
04      文件名:exp5_5_2.py
05
06  '''
07  #导入用户模块
08  from exp5_2_2 import prt_lst3
09
10  #用户主函数
11  def main():
12      n = int(input('输入项数：'))
13      col = int(input('输入列数：'))
14
15      lst = list(filter(lambda x:x%3==0,list(range(1,n+1))))
16      print(prt_lst3(lst,col))
17
18  #程序以模块方式运行时执行以下代码
19  if __name__ == '__main__':
20      main()
21
22      print()                        #输出空行
23      #如果双击运行程序，则插入以下代码后，可以看到屏幕输出结果
24      input("按回车键结束程序......")
```

15 行：range()函数返回的是一个可迭代对象，用 list(range)转换成列表；filter()函数用于过滤序列，即过滤掉不符合条件的元素，返回由符合条件的元素组成的新列表，同样，filter()函数返回迭代器对象，也需要使用 list()函数转换成列表；lambda x:x% 3==0 是过滤条件函数。

三、实验内容

1. 选择题

（1）如果函数中没有 return 语句或者 return 语句不带任何返回值，那么该函数的返回值为（   ）。

    A．None   B．void   C．int   D．Null

（2）以下关于函数说法错误的是（   ）。

    A．函数通过函数名来调用

    B．函数可以看作一段具有名称的子程序

    C．函数是一段具有特定功能的、可重用的语句组

    D．对函数的使用必须了解其内部实现原理

（3）以下选项对函数的定义错误的是（   ）。

    A．def vfunc(*a,b):   B．def vfunc(a,b=2):

    C．def vfunc(a,b):   D．def vfunc(a,*b):

（4）以下关于递归函数基例的说法错误的是（   ）。

    A．递归函数的基例决定了递归的深度

    B．每个递归函数都只能有一个基例

    C．递归函数的基例不再进行递归

    D．递归函数必须有基例

（5）fact(n)是采用递归方法计算 n!的函数，递归基例的条件是（   ）。

    A．n == 0   B．n = 1   C．n * (n-1)   D．n * fact(n-1)

（6）以下对递归描述错误的是（   ）。

    A．书写简单   B．代码执行效率高

    C．一定要有基例   D．递归程序都可以有非递归的编写方法

（7）以下关于模块化设计描述错误的是（   ）。

    A．模块间关系尽可能简单，模块之间耦合度低

    B．高耦合度的特点是复用较为困难

    C．应尽可能合理划分功能块，功能块内部耦合度低

    D．应尽可能合理划分功能块，功能块内部耦合度高

（8）以下关于函数参数和返回值的描述正确的是（   ）。

    A．采用名称传递参数时，实参的顺序需要和形参的顺序一致

    B．可选参数传递指的是没有传入对应参数值时，不使用该参数

    C．函数能同时返回多个参数值时，需要形成一个列表来返回

    D．Python 既支持按照位置传递参数，也支持按照名称传递参数，但不支持按照地址传递参数

（9）以下关于函数的描述正确的是（   ）。

    A．函数的全局变量是列表类型时，函数内部不可以直接引用该全局变量

B. 如果函数内部定义了和外部的全局变量同名的组合数据类型的变量，则函数内部引用的变量不确定

C. Python 的函数中引用一个组合数据类型变量时，会创建一个该类型的对象

D. 函数的简单数据类型全局变量在函数内部使用时，需要显式声明为全局变量

（10）以下关于函数参数传递的描述错误的是（　　）。

A. 定义函数时，可选参数必须写在非可选参数的后面

B. 函数的实参位置可变，需要形参定义和实参调用时都要给出名称

C. 调用函数时，可变数量参数被当作元组类型传递到函数中

D. Python 支持可变数量的参数，实参用'*参数名'表示

（11）关于 Python 的全局变量和局部变量，以下选项中描述错误的是（　　）。

A. 局部变量指在函数内部使用的变量，当函数退出时，变量依然存在，下一次函数调用时可以继续使用

B. 使用 global 保留字声明简单数据类型变量后，该变量作为全局变量使用

C. 简单数据类型变量无论是否与全局变量重名，仅在函数内部创建和使用，函数退出后变量将被释放

D. 全局变量指在函数之外定义的变量，一般没有缩进，在程序运行全过程中有效

（12）关于 Python 的函数，以下选项中描述错误的是（　　）。

A. 函数是一段可重用的语句组

B. 函数通过函数名进行调用

C. 每次使用函数时都需要提供相同的参数作为输入

D. 函数是一段具有特定功能的语句组

（13）Python 中，函数定义可以不包括（　　）。

A. 函数名　　　　　　　　　　　B. 关键字 def

C. 一对小括号　　　　　　　　　D. 可选参数列表

（14）以下程序的输出结果是（　　）。

```
def f(x, y = 0, z = 0):
    pass
f(1, , 3)
```

A. pass　　　　　B. None　　　　　C. not　　　　　D. 出错

（15）假设 x = 5.6878，如果要对 x 的千分位进行四舍五入，则可使用（　　）。

A. int(x,3)　　　　B. ceil(x,2)　　　　C. round(x,3)　　　　D. round(x,2)

（16）如果要把 x 转换为复数，则可使用的函数是（　　）。

A. int(x)　　　　B. char(x)　　　　C. float(x)　　　　D. complex(x)

（17）假设某函数如下。

```
def showNumber(numbers):
    for n in numbers:
```

```
        print(n)
```

则在调用函数时会报错的是（　　　）。

    A．showNumber([2,4,5])   B．showNumber('abcesf')

    C．showNumber(3.4)   D．showNumber((12,4,5))

（18）关于 Python 的 lambda()函数，以下选项中描述错误的是（　　　）。

    A．lambda()函数可以将函数名作为函数结果返回

    B．f = lambda x,y:x+y 执行后，f 的类型为数值或字符串类型

    C．lambda()用于定义简单的、能够在一行内表示的函数

    D．可以使用 lambda()函数定义列表的排序原则

（19）对以下代码实现的功能描述正确的是（　　　）。

```
def fact(n):
    if n==0:
        return 1
    else:
        return n*fact(n-1)
num =eval(input("请输入一个整数："))
print(fact(abs(int(num))))
```

    A．接收用户输入的整数 n，输出 n 的阶乘值

    B．接收用户输入的整数 n，判断 n 是否为素数并输出结论

    C．接收用户输入的整数 n，判断 n 是否为水仙花数

    D．接收用户输入的整数 n，判断 n 是否为完全数并输出结论

（20）关于 return 语句，下列选项中描述正确的是（　　　）。

    A．函数中最多只能有一个 return 语句

    B．函数必须有一个 return 语句

    C．return 只能返回一个值

    D．函数可以没有 return 语句

2．读程序题

（1）以下代码的输出结果是＿＿＿＿＿＿＿＿。

```
def f():
    global a,b
    a=3
    b=4
    return a*b

a=5
b=6
print(f(),a,b)
```

（2）已知有函数定义如下：

```
def demo(*p):
    return sum(p)
```

那么表达式 demo(1, 2, 3, 4)的值为_____。

（3）表达式 list(map(lambda x: x+5, [1, 2, 3, 4, 5])) 的值为_____。

（4）已知 g = lambda x, y=3, z=5: x*y*z，则语句 print(g(1)) 的输出结果为_____。

（5）语句 list(filter(lambda x:x,(0,1,2,3)))的结果为_____。

（6）已知有函数定义如下：

```
def demo(x, y, op):
    return eval(str(x)+op+str(y))
```

那么表达式 demo(3, 5, '+')的值为_____。

（7）依次执行以下语句：

```
x=3
def modify():
    x=5
modify()
print(x)
```

其输出为_____。

（8）以下代码的输出结果是_____。

```
def f(a,b):
    return str(a+b)


print(f(1,2)+f(2,3))
```

（9）以下代码的输出结果是_____。

```
def f(m):
    return m*2


print(f(1)*f('1'))
```

（10）以下代码的输出结果是_____。

```
def f(m,n):
    if m%n==0:
        return 1
    else:
        return 0
```

```
    print(f(6,3))
```

（11）以下代码的输出结果是_____。

```
    def f(m):
        if m%2==1:
            return 1
        else:
            return 0

    if f(9)==1:
        print(True)
    else:
        print(False)
```

（12）以下代码的输出结果是_____。

```
    def f1(m):
        s=0
        for i in str(m):
            s+=int(i)
        return s
    def f2(n):
        s=0
        while n>0:
            s=s+1
            n=n//10
        return s
    print(f1(123)//f2(123))
```

（13）以下代码的输出结果是_____。

```
    def f():
        m=0
        m=m+1
        print(m,end='')   #此处''为空字符串

    f()
    f()
```

（14）以下代码的输出结果是_____。

```
    def f(a,b):
        return a+b,a-b
```

```
m,n=f(3,2)
print(m,end='')  #此处''为空字符串
print(n)
```

（15）以下代码的输出结果是_____。

```
def chanageInt(number):
    number = number+1
    return number


number = 2
print(chanageInt(number),number)
```

3. 填空题

（1）利用函数计算 1!+2!+…+10!的值，请填空。

```
def jiecheng( _____ ):
    r=1
    for i in range(1,n+1):
        r*=i

    _____

sum=0
for i in range(1,11):
    rc = _____
    sum += rc
print("1!+2!+…+10!=",sum)
```

（2）输入一个数，计算其各位数字之和，请填空。

```
def fun(n):

    _____

    for i in _____:
        sum += int(i)
    return sum


n = eval(input('Enter a integer:'))
sum=fun(n)
print('{}各位数字之和为: {}'.format(_____))
```

（3）计算 s=a+aa+aaa+…+aaa…aaa，一共有 n 项，请填空。

```
def fun(a, n):
    s = 0
    for i in range(1, _____):
        s += int(str(a) * i)
```

```
    return s
a, n = eval(input("输入 a 和 n[用逗号分隔]:"))
s = fun(_____)
print("若 a={},n={},则 s=a+aa+aaa+…+aaa…aaa={}"\
    .format(a,n,s))
```

（4）编写 prime()函数，其参数为 n，当 n 是素数时，返回真，否则返回假，请填空。

```
def prime(n):
    for i in range(2,n):
        if n%i==0:
            _____
    return True
```

4. 编程题

（1）编写子程序，判断一个数是否为完全数（perfect number）。完全数又称完美数或完备数，是一些特殊的自然数。它所有的真因子（即除了自身以外的约数）的和（即因子函数）恰好等于它本身。

（2）以递归方式编写阶乘函数，计算 $f = 1!+ 2!- 3!+ 4!- 5!……n!$

（3）编写电报码加密、解密子程序。加密规则：电报码为 4 位数字，每位数字加 5 后取个位，且 1、4 位互换。例如：明文为 1234，密文为 9876；明文为 2345，密文为 0987。

（4）计算斐波那契数列前 n 项之和。要求编写 sumfib()子程序，直接返回斐波那契数列前 n 项之和，在 main()函数中调用 sumfib()子程序。

（5）编写计算两个整数的最大公约数和最小公倍数的函数，最大公约数和最小公倍数使用函数实现。

（6）编写一个程序以判断输入的正整数是否为回文素数。要求回文、素数的判断以子程序实现。

四、问题讨论

（1）尝试使用自己的计算机计算斐波那契数列，速度如何？对于类似的计算，Python 有什么优化的方法？

（2）在例 5-3 中采用两种方式计算了斐波那契数列，每种方式的特点是什么？它们调用的参数都一样吗？

实验 6 元组的定义和应用

一、实验目的

（1）掌握元组的创建、访问和基本操作。
（2）掌握元组的连接、索引及常用方法。
（3）掌握元组做参数传递的方法。
（4）掌握元组的简单应用。

二、范例分析

例 6-1 编写程序，把阿拉伯数字转换为汉字数字。

分析：Python 的元组与列表类似，不同之处在于元组的元素不能修改。可以把汉字数字放到元组中，并使用数字进行索引，完成转换。

参考程序如下。

```
01  """
02     实验 6_例 1：把阿拉伯数字转换为汉字数字
03     *********************************************
04     文件名:exp6_1.py
05
06  """
07
08  #用户主函数
09  def main():
10      hanzi = ('零','壹','贰','叁','肆','伍','陆','柒','捌','玖')
11      #hanzi = tuple('零壹贰叁肆伍陆柒捌玖')
12      n = int(input('输入 1 位数字: ')) % 10
13
14      print(f'{n} ==> {hanzi[n]}')
15  #程序以模块方式运行时执行以下代码
16  if __name__ == '__main__':
17      main()
18
19      print()                          #输出空行
20      #如果双击运行程序，则插入以下代码后，可以看到屏幕输出结果
21      input("按回车键结束程序......")
```

程序运行结果如图 6-1 所示。

图 6-1　例 6-1 程序运行结果

10 行：定义了一个汉字数字的元组，如果元组只有一个元素，则逗号（,）不能省略。

11 行：定义元组的另外一种形式，使用 tuple() 函数可以把字符串、列表等可迭代对象转换为元组。

12 行："% 10" 用于保证当用户输入多位数字时取该数字的个位数。

例 6-2　输入起点站和终点站，计算两个车站的区间间隔。（天津市地铁 1 号线部分站点如下：刘园站，瑞景新苑站，佳园里站，本溪路站，勤俭道站，洪湖里站，西站站，西北角站，西南角站，二纬路站，海光寺站，鞍山道站，营口道站，小白楼站，下瓦房站，南楼站，土城站，陈塘庄站，复兴门站，华山里站，财经大学站，双林站，李楼站。）

分析：用元组的 index() 方法返回元素在元组中的索引值，终点站和起点站的索引值差即为区间间隔。

方法 1：直接计算换乘信息。

参考程序如下。

```
01  """
02      实验 6_例 2：输入起点站和终点站，计算两个车站的区间间隔
03      *******************************************************
04      文件名:exp6_2.py
05
06  """
07
08  #用户主函数
09  def main():
10      stations = ('刘园站','瑞景新苑站','佳园里站','本溪路站','勤俭道站',
11                  '洪湖里站','西站站','西北角站','西南角站','二纬路站',
12                  '海光寺站','鞍山道站','营口道站','小白楼站','下瓦房站',
13                  '南楼站','土城站','陈塘庄站','复兴门站','华山里站',
14                  '财经大学站','双林站','李楼站')
15
16      start = input('输入起点站: ').strip()
17      end = input('输入终点站: ').strip()
18
19      num = stations.index(end) - stations.index(start)
20
21      print(f'从{start} ==> {end } 经过 {abs(num)} 站。')
22  #程序以模块方式运行时执行以下代码
```

```
23  if __name__ == '__main__':
24      main()
25
26      print()                        #输出空行
27      #如果双击运行程序，则插入以下代码后，可以看到屏幕输出结果
28      input("按回车键结束程序......")
```

程序运行结果如图 6-2 所示。

```
输入起点站：刘园站              输入起点站：营口道站
输入终点站：佳园里站            输入终点站：海光寺站
从刘园站 ==> 佳园里站 经过 2 站。   从营口道站 ==> 海光寺站 经过 2 站。

按回车键结束程序......         按回车键结束程序......
```

图 6-2　例 6-2 程序运行结果（使用方法 1）

21 行：abs() 为绝对值函数。

方法 2：换乘信息计算封装为函数。

参考程序如下。

```
01  """
02      实验 6_例 2：输入起点站和终点站，计算两个车站的区间间隔
03      ********************************************************
04      文件名:exp6_2_2.py
05
06  """
07  #用户自定义函数
08  def station_num(start,end):
09      """
10      功能：计算两站之间的区间数
11
12      参数：start，即起始站；end，即终点站
13      :return: 区间数及乘车方向
14      """
15      stations = ('刘园站','瑞景新苑站','佳园里站','本溪路站','勤俭道站',
16                  '洪湖里站','西站站','西北角站','西南角站','二纬路站',
17                  '海光寺站','鞍山道站','营口道站','小白楼站','下瓦房站',
18                  '南楼站','土城站','陈塘庄站','复兴门站','华山里站',
19                  '财经大学站','双林站','李楼站')
20
21      num = stations.index(end) - stations.index(start)
22      if num > 0:
23          direction = stations[0] + '---->' + stations[-1] + ' 方向'
```

```
24      else:
25          direction = stations[-1] + '---->' + stations[0] + ' 方向'
26      return abs(num),direction
27
28  #用户主函数
29  def main():
30      start = input('输入起点站: ').strip()
31      end = input('输入终点站: ').strip()
32
33      msg = station_num(start,end)
34
35      print(f'从{start} 到 {end } 在 {msg[1]} 乘车, 经过 {msg[0]} 站。')
36
37  #程序以模块方式运行时执行以下代码
38  if __name__ == '__main__':
39      main()
40
41      print()                          #输出空行
42      #如果双击运行程序, 则插入以下代码后, 可以看到屏幕输出结果
43      input("按回车键结束程序......")
```

程序运行结果如图 6-3 所示。

```
输入起点站: 小白楼站
输入终点站: 海光寺站
从小白楼站 到 海光寺站 在 李楼站---->刘园站 方向 乘车, 经过 3 站。

按回车键结束程序......

输入起点站: 佳园里站
输入终点站: 洪湖里站
从佳园里站 到 洪湖里站 在 刘园站---->李楼站 方向 乘车, 经过 3 站。

按回车键结束程序......
```

图 6-3 例 6-2 程序运行结果 (使用方法 2)

22 行~25 行: 依据 num 符号判定乘车方向。

26 行: 在函数中, 如果返回值有多个, 则返回的是一个元组, 所以在 35 行输出时有 "{msg[1]}乘车, 经过{msg[0]}站。" 这样的形式。

例 6-3 计算多边形的面积。

分析: 一个多边形可以分割成若干个三角形, 使用海伦公式计算三角形的面积, 所有三角形的面积累加得到多边形的面积。

参考程序如下。

```
01  """
02     实验 6_例 3：计算多边形的面积
03     ***********************************************
04     文件名:exp6_3.py
05
06  """
07  #用户自定义函数
08  def tri_area(a):
09      from math import sqrt
10      """
11      功能：计算三角形的面积
12
13      参数：a，3 条边
14      返回值：面积值
15      """
16      p = (a[0]+a[1]+a[2])/2
17      S = sqrt(p * (p-a[0]) * (p-a[1]) * (p-a[2]))
18
19      return S
20
21  #用户主函数
22  def main():
23      tup1 = [(1,1,1.414213562373095),(1,1,1.414213562373095)]
24
25      area = 0
26      for x in tup1:
27          area += tri_area(x)
28
29      print('多边形边长：',tup1)
30      print('多边形面积：%.3f' % area)
31
32  #程序以模块方式运行时执行以下代码
33  if __name__ == '__main__':
34      main()
35
36      print()                          #输出空行
37      #如果双击运行程序，则插入以下代码后，可以看到屏幕输出
38      input("按回车键结束程序......")
```

程序运行结果如图 6-4 所示。

```
多边形边长：[(1, 1, 1.414213562373095), (1, 1, 1.414213562373095)]
多边形面积：1.000

按回车键结束程序......
```

图 6-4　例 6-3 程序运行结果

08 行：定义三角形的面积计算函数，参数 a 可以接收元组或列表类型数据。a[0]、a[1]、a[2]对应三角形的 3 条边。

23 行：定义了列表 tup1，列表是可变数据类型，可以添加、删除元素。列表元素是元组，每个元素都是一组三角形边长数据。

26 行：for 循环中 x 迭代出列表 tup1 的每一个元素，作为 27 行代码调用 tri_area() 函数的实参。

例 6-4　编写程序，输出 54 张扑克。

分析：扑克有 4 种花色，牌面字符为 2～10、J、Q、K、A 及大小王。这 54 张扑克按顺序放在元组中。

参考程序如下。

```
01  """
02  实验 6_例 4：输出 54 张扑克
03  ********************************************************
04  文件名:exp6_4.py
05
06  """
07
08  #用户主函数
09  def main():
10      #扑克的花色
11      cardSuit = ('♠','♥','♣','♦')
12      #扑克的字符
13      cardText = ('2','3','4','5','6','7','8','9','10','J','Q','K',
                    'A')
14
15      card = tuple()
16      for x in cardSuit:
17          card += tuple(zip(x * len(cardText), cardText)) #花色与字
符拼接
18      #加入扑克中的大小王
19      card += (('Joker','-'),('Joker','+'))
20
21      for i in range(13):
22          print(f'{card[i]}\t{card[i+13]}\t{card[i+26]}\t{card[i+39]}')
```

```
23          print(f'{card[-2]}\t{card[-1]}')
24
25    #程序以模块方式运行时执行以下代码
26    if __name__ == '__main__':
27        main()
28
29        print()                    #输出空行
30    #如果双击运行程序，则插入以下代码后，可以看到屏幕输出结果
31        input("按回车键结束程序......")
```

程序运行结果如图 6-5 所示。

```
('♠', '2')        ('♥', '2')        ('♣', '2')        ('♦', '2')
('♠', '3')        ('♥', '3')        ('♣', '3')        ('♦', '3')
('♠', '4')        ('♥', '4')        ('♣', '4')        ('♦', '4')
('♠', '5')        ('♥', '5')        ('♣', '5')        ('♦', '5')
('♠', '6')        ('♥', '6')        ('♣', '6')        ('♦', '6')
('♠', '7')        ('♥', '7')        ('♣', '7')        ('♦', '7')
('♠', '8')        ('♥', '8')        ('♣', '8')        ('♦', '8')
('♠', '9')        ('♥', '9')        ('♣', '9')        ('♦', '9')
('♠', '10')       ('♥', '10')       ('♣', '10')       ('♦', '10')
('♠', 'J')        ('♥', 'J')        ('♣', 'J')        ('♦', 'J')
('♠', 'Q')        ('♥', 'Q')        ('♣', 'Q')        ('♦', 'Q')
('♠', 'K')        ('♥', 'K')        ('♣', 'K')        ('♦', 'K')
('♠', 'A')        ('♥', 'A')        ('♣', 'A')        ('♦', 'A')
('Joker', '-')    ('Joker', '+')
```

图 6-5　例 6-4 程序运行结果

15 行：创建一个空元组 card。

16 行：for 循环共 4 次，x 用于遍历 4 种花色。

17 行：x * len(cardText)生成 13 个元素的单一花色的元组。

zip()函数把 x * len(cardText)和 cardText 拼接成元组；在 card+=中，虽然元组不能修改，但是可以使用 "+" 连接，经过 4 次循环，即可把 4 种花色的扑克连接在一起。

19 行：添加扑克中的大小王。card 元组的元素也是元组，所以存在(('Joker','-'), ('Joker','+'))的形式。

22 行：每次循环输出同一个字符的 4 种花色，每种花色间隔 13。

例 6-5　有如图 6-6 所示的成绩单，要求按高数成绩排序后输出。

姓名	高数	计算机	思想品德	体育	英语
王丽	84	71	76	65	83
陈强	92	82	85	81	86
张晓晓	78	80	93	81	79
刘磊	79	80	91	80	88
冯燕	82	87	89	72	72

图 6-6　成绩单

分析：学生成绩在程序中不能修改，所以每名学生的数据都用元组保存。表格数据要重新排序，程序中的数据要改变顺序，表格形式的数据以列表保存。

参考程序如下。

```
01  """
02      实验 6_例 5：成绩单按要求排序后输出
03      ***********************************************
04      文件名:exp6_5.py
05
06  """
07
08  #用户主函数
09  def main():
10      # 姓名 高数 计算机 思想品德 体育 英语
11      score = [('王丽','84','71','76','65','83'),
                 ('陈强','92','82','85','81','86'),
12               ('张晓晓','78','80','93','81','79'),
                 ('刘磊','79','80','91','80','88'),
13               ('冯燕','82','87','89','72','72')]
14
15      print('姓名\t 高数\t 计算机\t 思想品德\t 体育\t 英语')
16      for x in score:
17          print('\t'.join(x))
18      score.sort(key = lambda x:int(x[1]))
19      print('{:-^40}'.format('按 高数成绩 排序'))
20      print('姓名\t 高数\t 计算机\t 思想品德\t 体育\t 英语')
21      for x in score:
22          print('\t'.join(x))
23
24  #程序以模块方式运行时执行以下代码
25  if __name__ == '__main__':
26      main()
27
28      print()                           #输出空行
29      #如果双击运行程序，则插入以下代码后，可以看到屏幕输出结果
30      input("按回车键结束程序......")
```

程序运行结果如图 6-7 所示。

姓名	高数	计算机	思想品德	体育	英语
王丽	84	71	76	65	83
陈强	92	82	85	81	86
张晓晓	78	80	93	81	79
刘磊	79	80	91	80	88
冯燕	82	87	89	72	72
--------------按 高数成绩 排序--------------					
姓名	高数	计算机	思想品德	体育	英语
张晓晓	78	80	93	81	79
刘磊	79	80	91	80	88
冯燕	82	87	89	72	72
王丽	84	71	76	65	83
陈强	92	82	85	81	86

图 6-7　例 6-5 程序运行结果

17 行：以'\t'连接每名学生的元组数据，连接格式为'姓名\t 高数\t 计算机\t 思想品德\t 体育\t 英语'，并将其输出。

18 行：sort()方法用于对列表排序，默认按升序排序；key 用于指定排序关键字；使用 lambda x:int(x[1])从列表中选取"高数"字段进行排序。

三、实验内容

1. 选择题

（1）以下属于可变数据类型的是（　　　）。

　　A. 数值型　　　　　B. 元组　　　　　　C. 字符串　　　　　D. 集合

（2）关于函数的可变参数，可变参数*args 传入函数时的数据类型是（　　　）。

　　A. list　　　　　　B. set　　　　　　　C. dict　　　　　　　D. tuple

（3）关于元组，以下描述错误的是（　　　）。

　　A. 元组在定义时所有元素都放在一对小括号"( )"中

　　B. Python 中的元组是一种可更改的数据类型

　　C. 元组和列表类型相似，元组执行速度快于列表

　　D. a=1,2，则 a 为元组类型

（4）以下程序的输出结果是（　　　）。

```
ls = ["F","f"]
def fun(a):
    ls.append(a)
    return
fun("C")
print(ls)
```

　　A. ['F', 'f']　　　　　B. ['C']　　　　　C. 出错　　　　　　D. ['F', 'f', 'C']

（5）以下关于函数作用的描述错误的是（　　　）。

A. 复用代码   B. 增强了代码的可读性

C. 降低了编程复杂度   D. 提高了代码执行速度

（6）假设函数中不包括 global 保留字，对于改变参数值的方法，以下选项错误的是（   ）。

A. 参数是 int 类型时，不改变原参数的值

B. 参数是组合类型（可变对象）时，改变原参数的值

C. 参数的值是否改变与函数中对变量的操作有关，与参数类型无关

D. 参数是 list 类型时，改变原参数的值

（7）若 list = (-2,7,9,-1,0)，则执行 sorted(list, key = lambda x:abs(x)) 语句后，list 为（   ）。

A. [0,-1,-2,7,9]   B. [0,1,2,7,9]

C. (-2,7,9,-1,0)   D. (2,7,9,1,0)

（8）关于 Python 的组合数据类型，以下选项中描述错误的是（   ）。

A. 组合数据类型可以分为 3 类：序列类型、集合类型和映射类型

B. 序列类型是二维元素向量，元素之间存在先后关系，通过序号访问

C. Python 的 str、tuple 和 list 类型都属于序列类型

D. Python 组合数据类型能够将多个同类型或不同类型的数据组织起来，通过单一的表示使数据操作更有序、更容易

（9）关于数据组织的维度，以下选项描述错误的是（   ）。

A. 高维数据由键值对类型的数据构成，采用对象方式组织

B. 数据组织存在维度，字典类型用于表示一维和二维数据

C. 一维数据采用线性方式组织，对应于数学中的数组和集合

D. 二维数据采用表格方式组织，对应于数学中的矩阵

（10）以下不是 Python 序列类型的是（   ）。

A. 元组类型   B. 列表类型   C. 数组类型   D. 字符串类型

（11）关于 Python 的元组类型，以下选项错误的是（   ）。

A. 元组一旦创建就不能被修改

B. 元组中的元素必须是相同类型的

C. 一个元组可以作为另一个元组的元素，可以采用多级索引获取信息

D. 元组采用逗号和小括号（可选）来表示

（12）已知 t=tuple(range(0,10))，则 print(t[-1:3:-2]) 的结果是（   ）。

A. [9,7,5]   B. (9,7,5)

C. [9,7,5,3]   D. (9,7,5,3)

（13）已知元组变量 t=("cat", "dog", "tiger", "human")，则 t[::-1] 的结果是（   ）。

A. {'human', 'tiger', 'dog', 'cat'}

B. ['human', 'tiger', 'dog', 'cat']

C. 运行出错

D. ('human', 'tiger', 'dog', 'cat')

（14）以下程序的输出结果是（   ）。

```
x = [90,87,93]
y = ["zhang", "wang","zhao"]
print(list(zip(y,x)))
```

    A. ('zhang', 90), ('wang', 87), ('zhao', 93)
    B. [['zhang', 90], ['wang', 87], ['zhao', 93]]
    C. [('zhang', 90), ('wang', 87), ('zhao', 93)]
    D. ['zhang', 90], ['wang', 87], ['zhao', 93]

2. 读程序题

（1）以下程序的输出结果是_____。

```
x = ('90','87','90')
n = 90
print(x.count(n))
```

（2）以下程序的输出结果是_____。

```
j = ""
for i in tuple("12345"):
    j += i + ","
print(j)
```

（3）max((1,9),(1,2,3))的结果是_____。

（4）以下程序的输出结果是_____。

```
tup1=((1,'a'),(2,'A'),(3,'c'))
print(sorted(tup1, key = lambda x:x[1]))
```

（5）以下程序的输出结果是_____。

```
tup1=(1,2,3,4,5)
lst2=[]
for i in tup1:
    lst2.insert(0,i)
print(lst2[-1])
```

（6）以下程序的输出结果是_____。

```
tup1=(1,2,3,4,5)
tup2=()
for i in tup1:
    tup2 = (i,) + tup2
print(tup2[-1])
```

（7）以下程序的输出结果是＿＿＿＿＿＿＿＿＿。

```
tup1=(1,2,3,4,5)
lst2=[i*2 for i in tup1]
print(sum(lst2))
```

（8）以下程序的输出结果是＿＿＿＿＿＿＿＿＿。

```
ls1 = [1,2,3,4,5]
ls2 = [3,4,5,6,7,8]
cha1 = []
for i in ls2:
    if i not in ls1:
        cha1.append(i)
print(cha1)
```

3. 填空题

（1）某元组为(1,-3,5,-6,8,10)，以下代码用于将元组各个元素的三次方之和放入 Result 中，请填空。

```
tup=(1,-3,5,-6,8,10)
lt=[]
for i in tup:
    lt.append(i*i*i)
Result=_____
```

（2）以下代码要求把 tup1、tup2 两个元组连接组合成新元组 tup3，请填空。

```
tup1 = (12, 34.56)
tup2 = ('abc', 'xyz')

# 创建一个新的元组
tup3 = _____
print (tup3)
```

4. 编程题

（1）输入金额，输出钱币张数。例如，输入 255.2，输出以下内容。

```
100元 2 张
 50元 1 张
 5元 1 张
 1元 1 张
 1角 2 张
```

（2）输入起点站和终点站，计算两个车站的区间间隔、票价及乘车提示。（天津市地铁 1 号线部分站点如下：刘园站，瑞景新苑站，佳园里站，本溪路站，勤俭道站，洪湖里站，西站站，西北角站，西南角站，二纬路站，海光寺站，鞍山道站，营口道站，小白楼站，下瓦房站，南楼站，土城站，陈塘庄站，复兴门站，华山里站，财经大学站，双林站，李楼站。票价：天津市地铁 1 号线乘坐 5 站 4 区间以内（含 5 站）每人每张票 2 元；乘坐 5 站 4 区间以上，10 站 9 区间以下（含 10 站）每人每张票 3 元；乘坐 10 站 9 区间以上，16 站 15 区间以下（含 16 站）每人每张票 4 元；乘坐 16 站 15 区间以上每人每张票 5 元。）

输出格式参考：从佳园里站 到 洪湖里站 在 刘园站---->李楼站 方向 乘车，经过 3 站，票价 2 元。

（3）编程模拟扑克发牌过程，把 52 张扑克（不含大小王）随机发给东、西、南、北 4 个玩家，并输出东、西、南、北 4 列数据。

（4）使用例 6-5 的数据，增加一列"总分"，计算学生成绩的总分并按总分排序后输出。

四、问题讨论

（1）列表与元组有何异同？

（2）Python 中已经有列表数据结构，为什么还需要元组类型呢？

（3）结合例 6-5，lambda x:int(x[1])中的 x 代表什么？

实验 7 字典的定义和应用

一、实验目的

（1）掌握字典的创建方法。
（2）掌握字典元素的访问方法。
（3）掌握字典的基本操作。
（4）掌握字典的典型应用。

二、范例分析

例 7-1 莫尔斯电码是一种早期的数字化通信形式，它用"·"和"-"通过不同的排列顺序来表达不同的英文字母、数字和标点符号。编写程序，把输入的英文字符串转换为莫尔斯电码输出。莫尔斯电码与英文字母的对照如表 7-1 所示。

表 7-1 莫尔斯电码与英文字母的对照

英文字母	莫尔斯电码	英文字母	莫尔斯电码	英文字母	莫尔斯电码	英文字母	莫尔斯电码
A	·-	H	····	O	---	V	···-
B	-···	I	··	P	·--·	W	·--
C	-·-·	J	·---	Q	--·-	X	-··-
D	-··	K	-·-	R	·-·	Y	-·--
E	·	L	·-··	S	···	Z	--··
F	··-·	M	--	T	-		
G	--·	N	-·	U	··-		

分析：英文字符与莫尔斯电码一一对应，与 Python 中字典的"键"与"值"的关系类似，"键"与"值"是一种单向映射。把英文字母当作"键"，莫尔斯电码当作"值"，建立映射关系。

参考程序如下。

```
01  """
02     实验7_例1：英文字母转换为莫尔斯电码输出
03     ***************************************************
04     文件名:exp7_1.py
05
06  """
07
08  #用户主函数
09  def main():
10      dic_morse={"A":".-","B":"-...","C":"-.-.","D":"-..",
```

```
                        "E":".","F":"..-.","G":"--.",
11                      "H":"....","I":"..","J":".---","K":"-.-",
                        "L":".-..","M":"--","N":"-.",
12                      "O":"---","P":".--.","Q":"--.-","R":".-.",
                        "S":"...","T":"-",
13                      "U":"..-","V":"...-","W":".--","X":"-..-",
                        "Y":"-.--","Z":"--.."}
14
15          s=input("请输入字符串(只包含字母): ").upper()
16          lst = filter(lambda x:'A'<=x<='Z',list(s))
17          s = ''.join(lst)
18          morse_code=""
19          for c in s:
20              morse_code += dic_morse[c]
21
22          print(f'原文: {s}\n 莫尔斯电码: {morse_code}')
23
24      #程序以模块方式运行时执行以下代码
25      if __name__ == '__main__':
26          main()
27
28          print()                         #输出空行
29          #如果双击运行程序,则插入以下代码后,可以看到屏幕输出结果
30          input("按回车键结束程序......")
```

程序运行结果如图 7-1 所示。

```
请输入字符串(只包含字母): I love Python!!!
原文: ILOVEPYTHON
莫尔斯电码: ..-..-.......-..-.-.-.--.-----.

按回车键结束程序......
```

图 7-1 例 7-1 程序运行结果

10 行~13 行:定义了莫尔斯电码字典,键是字母。

15 行:输入英文字符串并将其转换为大写字母。

16 行:对输入的非英文字母进行过滤。list(s)用于把输入的字符串先转换为列表,再使用 filter()函数指定的'A'<=x<='Z'条件过滤列表元素。从输出结果看到,空格和!!!都被过滤掉了。字典中只有 26 个英文字母键,使用超范围的键值会引发异常。

17 行:join()函数再次把 lst 列表拼接成字符串。

20 行:把字典按"键"索引的"值"连接成一个莫尔斯电码字符串。

例 7-2 编写程序,模拟用户登录过程。用户名及其密码信息如表 7-2 所示。

表 7-2　用户名及其密码信息

用户名	密码
Tom	1234
Carl	2314
Frank	4567

要求程序实现下述功能。

（1）提示输入用户名，如果用户名不在表 7-2 中，则输出"用户名不存在。"，结束程序。

（2）如果用户名在表 7-2 中，则提示输入密码，如果密码正确，则输出"登录成功！"，否则，输出"密码错误！"。

分析：将用户名及其密码信息转换为字典类型数据，以用户名为"键"，密码为"值"。先判断用户名是否存在，如果存在，再判断密码是否正确，所以需要使用 if 嵌套结构。

参考程序如下。

```
01  """
02     实验 7_例 2：模拟用户登录过程
03     ********************************************************
04     文件名:exp7_2.py
05
06  """
07
08  #用户主函数
09  def main():
10      #定义 用户名密码字典
11      myDict = {"Tom":"1234","Carl":"2314","Frank":"4567"}
12
13      username = input('请输入用户名：')
14
15      if username not in myDict:
16          msg = '用户名不存在。'
17      else:
18          password = input('请输入密码：')
19          if password !=myDict[username]:
20              msg = '密码错误！'
21          else:
22              msg = '登录成功！'
23      print(msg)
24
25  #程序以模块方式运行时执行以下代码
26  if __name__ == '__main__':
```

```
27      main()
28
29      print()                             #输出空行
30      #如果双击运行程序，则插入以下代码后，可以看到屏幕输出结果
31      input("按回车键结束程序......")
```

程序运行结果如图 7-2 所示。

```
请输入用户名：Tom        请输入用户名：tim        请输入用户名：Carl
请输入密码：1234         用户名不存在。           请输入密码：123456
登录成功！                                      密码错误！

                        按回车键结束程序......

按回车键结束程序......                            按回车键结束程序......
```

图 7-2　例 7-2 程序运行结果

15 行～22 行：按题目要求，分两步进行判断。程序采用 if 嵌套结构，外层 if 用于判断用户名是否正确，内层 if 用于判断密码是否正确。username not in myDict 用于判断用户名是否在字典的键中。

例 7-3　有成绩单如图 7-3 所示，要求输入姓名、科目，查询考试成绩。

姓名	高数	计算机	思想品德	体育	英语
王丽	84	71	76	65	83
陈强	92	82	85	81	86
张晓晓	78	80	93	81	79
刘磊	79	80	91	80	88
冯燕	82	87	89	72	72

图 7-3　成绩单

分析：每行数据都是一名学生的成绩信息，按姓名检索，姓名作为"键"，成绩有 5 列，所以"值"包含 5 个数据，以元组形式存放。"高数"是元组的第 0 个数据，"英语"是元组的第 4 个数据，科目与元组元素的索引一一对应，也可以以字典形式保存。

参考程序如下。

```
01      """
02      实验7_例3：输入姓名、科目，查询考试成绩
03      **************************************************
04      文件名:exp7_3.py
05
06      """
07
08      #用户主函数
09      def main():
10          # 姓名 高数 计算机 思想品德 体育 英语
11          dic_col = {'姓名':0, '高数':0, '计算机':1, '思想品德':2, '体育':3,
'英语':4}
```

```
12      dic_score = {'王丽':(84,71,76,65,83),'陈强':(92,82,85,81,86),
13             '张晓晓':(78,80,93,81,79),'刘磊':(79,80,91,80,88),
14             '冯燕':(82,87,89,72,72)}
15      #输出原始数据
16      print('\t'.join(dic_col.keys()))        #输出表头
17      for k,v in dic_score.items():           #输出数据
18          print(k,end='\t')                   #输出姓名
19          print('\t'.join(map(str,v)))        #输出成绩
20      print()
21
22      username = input('请输入姓名: ').strip()
23      colname = input('请输入科目: ').strip()
24
25      score = dic_score[username][dic_col[colname]]
26
27      print('-' * 40)                         #输出分隔线
28      print(f'{username} 的 {colname} 成绩: {score} 分')
29
30  #程序以模块方式运行时执行以下代码
31  if __name__ == '__main__':
32      main()
33
34      print()                                 #输出空行
35      #如果双击运行程序，则插入以下代码后，可以看到屏幕输出结果
36      input("按回车键结束程序......")
```

程序运行结果如图 7-4 所示。

姓名	高数	计算机	思想品德	体育	英语
王丽	84	71	76	65	83
陈强	92	82	85	81	86
张晓晓	78	80	93	81	79
刘磊	79	80	91	80	88
冯燕	82	87	89	72	72

请输入姓名：陈强
请输入科目：英语

陈强 的 英语 成绩：86 分

按回车键结束程序......

图 7-4　例 7-3 程序运行结果

11 行：定义数据字段字典，其中姓名的值无意义，其他值为成绩元组的索引。

12 行：定义成绩字典，学生姓名为"键"，成绩元组为"值"。

16 行：字典的 keys()方法返回字典键的迭代器，join()函数用制表符（\t）把迭代出键的数据（这里是字段名）连接成字符串，并输出表头。

17 行：字典的 items()方法返回字典的键值对迭代器。使用 k、v 去遍历每一个键值对，其中 k 是"键"，v 是"值"。

18 行：输出姓名和一个制表符（不换行）。

19 行：因为 v 值是成绩（整型量）元组，join()函数只能连接字符串，所以在 map()函数使用 str()函数把 v 中的每个科目的成绩转换为字符串类型后，才能由 join()函数连接，并输出每名学生的成绩。

25 行：dic_score[username]用于获得某名学生的成绩元组，dic_col[colname]用于获得成绩元组的索引值。

例 7-4　编写一个石头剪刀布小游戏。要求一方是计算机，另一方是玩家。玩家输入 0、1、2 分别表示石头、剪刀、布，输入其他字符时结束程序。

分析：游戏规则如表 7-3 所示。石头、剪刀、布可以用 0、1、2 表示，PK 结果（即平局、计算机胜、玩家胜）同样可使用 0、1、2 表示，这种映射关系用元组的元素与索引表示。计算机与玩家的一组数值对与获胜方数值单向映射，可以用字典表示。

表 7-3　游戏规则

计算机		玩家		获胜方	
石头	0	石头	0	平局	0
石头	0	剪刀	1	计算机胜	1
石头	0	布	2	玩家胜	2
剪刀	1	石头	0	玩家胜	2
剪刀	1	剪刀	1	平局	0
剪刀	1	布	2	计算机胜	1
布	2	石头	0	计算机胜	1
布	2	剪刀	1	玩家胜	2
布	2	布	2	平局	0

参考程序如下。

```
01  """
02    实验 7_例 4：石头剪刀布小游戏
03    ************************************************
04    文件名:exp7_4.py
05
06  """
07
08  #用户主函数
09  def main():
10      from random import randint
```

```
11        #定义数据
12        winer = ('平局','计算机胜','玩家胜')
13        hand = ('石头','剪刀','布')
14        ruler = {(0,0):0,(0,1):1,(0,2):2,(1,0):2,(1,1):0,
15                  (1,2):1,(2,0):1,(2,1):2,(2,2):0}
16
17        while True:
18            computer = randint(0,2)
19            player = int(input('请输入 0,1,2(石头，剪刀，布)： '))
20            if player > 2 or player < 0:
21                break
22            print(f'计算机→{hand[computer]}<-->{hand[player]}←玩家
{winer[ruler[(computer,player)]]}')
23
24    #程序以模块方式运行时执行以下代码
25    if __name__ == '__main__':
26        main()
27
28        print()                          #输出空行
29        #如果双击运行程序，则插入以下代码后，可以看到屏幕输出结果
30        input("按回车键结束程序......")
```

程序运行结果如图 7-5 所示。

```
请输入0,1,2(石头，剪刀，布)：1
计算机→剪刀<-->剪刀←玩家  平局
请输入0,1,2(石头，剪刀，布)：2
计算机→石头<-->布←玩家  玩家胜
请输入0,1,2(石头，剪刀，布)：0
计算机→布<-->石头←玩家  计算机胜
请输入0,1,2(石头，剪刀，布)：4

按回车键结束程序......
```

图 7-5 例 7-4 程序运行结果

12 行：定义 PK 结果元组，平局、计算机胜、玩家胜的索引值分别是 0、1、2。

13 行：定义了 ('石头','剪刀','布') 元组。

14 行和 15 行：定义了游戏规则字典，键是一个元组。Python 中的键必须是不可变数据类型，所以元组可以做字典的键，列表不可以做字典的键。

17 行~22 行：游戏过程是一个条件控制循环，当输入 0、1、2 以外的数字时，结束游戏（由 20 行的代码控制）。

18 行：计算机出手，randint()函数用于产生 0~2 中的随机整数。

19 行：玩家出手，输入 0、1 或 2。

22 行：输出 PK 结果。计算机和玩家的数据组成元组，ruler[(computer,player)]用于得到该元组对应的字典的值（PK 结果 winer 元组的索引）。

例 7-5　编写程序，对一段英文文章进行词频统计，计算每个单词出现的次数，输出出现次数最多的 5 个单词。

（下面是一段介绍三星堆博物馆的文字，以此为样本。）

> The Sanxingdui Museum in Guanghan city, Southwest China's Sichuan province,is at the northeast corner of the Sanxingdui archaeology site, and a large-scale modern special site museum in China. The whole Sanxingdui site is about 12 square kilometers and the ancient city measures about 3.5 square kilometers,. This　was the site of the capital city of the ancient Shu state.

分析：英文单词在文中是以空格、逗号（,）、句号（.）等符号分隔的，需要把一些标点符号替换为空格，并使用 split()函数把字符串转换为单词列表。创建空字典，以单词为键，累加该键出现的次数作为键值。字典中的键值不能重复。

参考程序如下。

```
01  """
02      实验 7_例 5：词频统计
03      **************************************************
04      文件名:exp7_5.py
05
06  """
07
08  #用户主函数
09  def main():
10      s='''
11  The Sanxingdui Museum in Guanghan city, Southwest China's Sichuan
12  province,is at the northeast corner of the Sanxingdui archaeology
13  site, and a large-scale modern special site museum in China.
14  The whole Sanxingdui site is about 12 square kilometers and the
15  ancient city measures about 3.5 square kilometers,. This was the
16      site of the capital city of the ancient Shu state.
17      '''
18      s=s.lower().replace(',',' ').replace('.',' ').replace("'",' ')
19      lst=s.split()                    #单词分隔
20      #lst=s.split(' ')                 #单词分隔
21      dic={}
22      for word in lst:
23          dic[word] = dic.get(word,0) + 1
24      #dic.pop('')
25      newlst = list(dic.items())
```

```
26        newlst.sort(key = lambda x:x[1],reverse=True)
27
28        print('词频统计，字典输出')
29        for k,v in dic.items():
30            print(f'{k:<20}{v:>5}')
31        print('词频统计，排名前五单词')
32        for x in newlst[:5]:
33            print(f'{x[0]:<20}{x[1]:>5}')
34
35    #程序以模块方式运行时执行以下代码
36    if __name__ == '__main__':
37        main()
38
39        print()                        #输出空行
40    #如果双击运行程序，则插入以下代码后，可以看到屏幕输出结果
41        input("按回车键结束程序......")
```

程序运行结果如图 7-6 所示。

```
词频统计，排名前5单词
the                     8
site                    4
sanxingdui              3
city                    3
of                      3

按回车键结束程序......
```

图 7-6　例 7-5 程序运行结果

18 行：字符串转换为小写字母，并把一些标点符号替换为空格。

19 行：split()函数通过指定分隔符对字符串进行切片，分隔符默认为所有的白字符，包括空格、换行(\n)、制表符(\t)等。（不要使用 20 行的形式，因此这一行代码表示分隔符只使用了空格。）

22 行：word 遍历 lst 列表中的每一个单词。

23 行：dic.get(word,0)中，字典 get()函数用于返回指定键的值，如果该键不存在，则返回 0；dic[word]使用加 1 后的值替换该键的原值，如果字典中没有该键，则添加一个新的键值对。

25 行：list(dic.items())用于把字典的键值对转换为列表。

26 行：x 遍历列表 newlst，因为列表元素是字典键值对元组，x[1]是字典值，所以按值排序，reverse=True 表示降序排列。

例 7-6 学生成绩单如图 7-3 所示，要求输出某科目考试成绩大于某值的所有学生的姓名。

分析：在例 7-3 中，已经建立了成绩字典和字段名字典，实现了通过姓名、科目查询成绩。字典中的键与值是一对一或一对多的关系。如果由"值"查"键"，即由多对一，则需要遍历整个字典，逐一进行查找。

参考程序如下。

```python
01  """
02      实验 7_例 6：输出某科目考试成绩大于某值的所有学生
03      *************************************************
04      文件名:exp7_6.py
05
06  """
07
08  #用户主函数
09  def main():
10      # 姓名 高数 计算机 思想品德 体育 英语
11      dic_col = {'姓名':0, '高数':0, '计算机':1, '思想品德':2, '体育':3,
                   '英语':4}
12      dic_score = {'王丽':(84,71,76,65,83),'陈强':(92,82,85,81,86),
13                  '张晓晓':(78,80,93,81,79),'刘磊':(79,80,91,80,88),
14                  '冯燕':(82,87,89,72,72)}
15      #输出原始数据
16      print('\t'.join(dic_col.keys()))        #输出表头
17      for k,v in dic_score.items():           #输出数据
18          print(k,end='\t')                   #输出姓名
19          print('\t'.join(map(str,v)))        #输出成绩
20      print()
21
22      colname = input('请输入科目: ').strip()
23      line = int(input('请输入分数线: ').strip())
24
25      username = []
26      for k,v in dic_score.items():
27          if v[dic_col[colname]] >= line:
28              username.append(k)
29      msg = ' ,'.join(username)
30      print(f'{colname}考试成绩大于 {line} 分的所有学生:{msg}')
31
32  #程序以模块方式运行时执行以下代码
33  if __name__ == '__main__':
34      main()
```

```
35
36      print()                            #输出空行
37      #如果双击运行程序，则插入以下代码中，可以看到屏幕输出结果
38      input("按回车键结束程序......")
```

程序运行结果如图 7-7 所示。

姓名	高数	计算机	思想品德	体育	英语
王丽	84	71	76	65	83
陈强	92	82	85	81	86
张晓晓	78	80	93	81	79
刘磊	79	80	91	80	88
冯燕	82	87	89	72	72

请输入科目：思想品德
请输入分数线：86
思想品德考试成绩大于 86 分的所有学生：张晓晓 ，刘磊 ，冯燕

图 7-7　例 7-6 程序运行结果

26 行～28 行：筛选符合条件的学生姓名。27 行用于判断某科目的成绩是否符合条件，若符合，则把姓名（字典键值）追加到列表 username 中。

29 行：把 username 列表中的姓名连接为字符串，以逗号隔开。

三、实验内容

1. 选择题

（1）创建空字典需要使用（　　　）。

    A．[]　　　　　　　　B．{:}　　　　　C．()　　　　　　　D．dict()

（2）关于字典描述正确的是（　　　）。

    A．字典是由若干键值对构成的　　　　　B．字典中的键与值均可以更改

    C．字典中的键不唯一　　　　　　　　　D．字典中的值必须唯一

（3）在班级管理系统中，宜作为键的是（　　　）。

    A．姓名　　　　　　　B．学号　　　　　C．班级　　　　　　D．性别

（4）关于字典描述正确的是（　　　）。

    A．字典中不能通过键找到值

    B．字典中可以通过值找到对应的键

    C．如果对字典中不存在的键进行赋值，则会出错

    D．如果对字典中不存在的键进行赋值，则会增加该条目

（5）下列说法不正确的是（　　　）。

    A．字典名.get(键，默认值）用于访问字典中对应键的值

    B．字典名.pop(键，默认值）用于删除字典中条目的同时返回对应键的值

  C．字典名.popitem()用于在删除字典中条目的同时以元组方式返回删除条目的键及其值

  D．字典名.items()用于在 for 循环中以列表方式访问条目（键及其值）

（6）关于字典访问正确的是（　　）。

  A．字典不能通过键访问

  B．字典可以通过数组下标访问

  C．对字典不存在的键进行访问会出错

  D．对字典不存在的键进行访问不会出错，仅仅是访问结果为空

（7）以下代码的输出结果是（　　）。

```
d= {'a': 1, 'B': 2, 'b': '3'}
print(d['b'])
```

  A．{'b':2}   B．2   C．1   D．3

（8）以下关于字典操作的描述错误的是（　　）。

  A．del 用于删除字典或者元素

  B．clear 用于清空字典中的数据

  C．len()方法可以计算字典中键值对的个数

  D．keys()方法可以获取字典的值列表

（9）以下关于组合类型的描述错误的是（　　）。

  A．可以用大括号创建字典，用中括号增加新元素

  B．嵌套的字典数据类型可以用来表达高维数据

  C．字典的 pop 方法可以返回一个键对应的值，并删除该键值对

  D．空字典和空集合都可以用大括号来创建

（10）假设将单词保存在变量 word 中，使用一个字典类型 counts={}，统计单词出现的次数可采用的语句是（　　）。

  A．counts[word] = count[word] + 1

  B．counts[word] = 1

  C．counts[word] = count.get(word,1) + 1

  D．counts[word] = count.get(word,0) + 1

（11）给定字典 d，以下对 d.values()的描述正确的是（　　）。

  A．返回一个元组类型，包括字典 d 中的所有值

  B．返回一个集合类型，包括字典 d 中的所有值

  C．返回一个 dict_values 类型，包括字典 d 中的所有值

  D．返回一个列表类型，包括字典 d 中的所有值

（12）给定字典 d，对 x in d 的描述正确的（　　）。

  A．判断 x 是否在字典 d 中以键或值方式存在

  B．x 是一个二元元组，用于判断 x 是否为字典 d 中的键值对

  C．判断 x 是否为字典 d 中的键

   D. 判断 x 是否为字典 d 中的值

（13）以下关于字典类型的描述错误的是（　　　）。

   A. 字典类型是一种无序的对象集合，通过键来存取

   B. 字典类型可以在原来的变量上增加或缩短

   C. 字典类型可以包含列表和其他数据类型，支持嵌套的字典

   D. 字典类型中的数据可以进行分片和合并操作

（14）字典 d={'Name':'Kate','No':'1001','Age':'20'}，表达式 len(d)的值为（　　　）。

   A. 3   B. 6   C. 19   D. 22

（15）以下不能创建一个字典的语句是（　　　）。

   A. dict1 = {}   B. dict2 = { 3 : 5 }

   C. dict3 = {[1,2,3]: "uestc"}   D. dict4 = {(1,2,3): "uestc"}

（16）以下代码的输出结果是（　　　）。

```
d ={"大海":"蓝色", "天空":"灰色", "大地":"黑色"}
print(d["大地"], d.get("大地", "黄色"))
```

   A. 黑色　黄色   B. 黑色　黑色

   C. 黑的　灰色   D. 黑色　蓝色

（17）给出如下代码：

```
DictColor = {"seashell":"海贝色","gold":"金色","pink":"粉红色",\
        "brown":"棕色","purple":"紫色","tomato":"西红柿色"}
```

以下选项中能输出“海贝色”的是（　　　）。

   A. print(DictColor.keys())   B. print(DictColor["海贝色"])

   C. print(DictColor.values())   D. print(DictColor["seashell"])

（18）使用字典中的（　　　）方法可以删除指定键的元素。

   A. pop   B. remove   C. del   D. delete

（19）字典 d = {'苹果':5.1,'香蕉':3.8,'橘子':5.1}，表达式 max(d) 的值为（　　　）。

   A. 5.1   B. '苹果'   C. '香蕉'   D. '橘子'

（20）以下关于字典类型的描述正确的是（　　　）。

   A. 不能使用 d = {}这种形式创建新字典，它创建的是空集合

   B. 在表达式 for x in d:中，假设 d 是字典，则 x 是字典中的键值对

   C. 字典类型的键可以是列表和其他数据类型

   D. 字典类型的值可以是任意数据类型的对象

2. 读程序题

（1）以下程序的输出结果是＿＿＿＿＿＿＿。

```
Da = {"北美洲":"北极兔","南美洲":"托哥巨嘴鸟",\
    "亚洲":"大熊猫","非洲":"单峰驼","南极洲":"帝企鹅"}
Da["非洲"] = "大猩猩"
```

```
print(Da["非洲"])
```

（2）已知字典 dic={'a':1,'b':2,'c':3}，则表达式 dic['b']的值为＿＿＿＿＿＿＿。

（3）以下程序的输出结果是＿＿＿＿＿＿＿。

```
dic={'a':1,'b':2,'c':3}
dic['d']=4
print(dic.get('d','不存在'))
```

（4）已知字典 dic={'a':1,'b':2,'c':3}，则表达式 dic.pop('c')的值为＿＿＿＿＿＿＿。

（5）已知字典 dic={(1,2):3,(4,5):5,(7,8):9}，则表达式(1,2) in dic 的值为＿＿＿＿＿＿＿。

（6）已知字典 dic={'a':[1,2,3],'b':[4,5,6],'c':[7,8,9]}，则表达式 dic['c'][0]的值为＿＿＿＿＿＿＿。

（7）已知字典 dic={'a':[1,2,3],'b':[4,5,6],'c':[7,8,9]}，则表达式 sum(dic['a'])+sum(dic['b'])的值为＿＿＿＿＿＿＿。

（8）已知字典 dic={'a':[1,2,3],'b':[4,5,6],'c':[7,8,9]}，则表达式 dic['b'][1:]的值为＿＿＿＿＿＿＿。

（9）已知字典 dic={'a':[1,2,3],'b':[4,5,6],'c':[7,8,9]}，则执行表达式 dic['a'].append(5)后，表达式 len(dic['a'])的值为＿＿＿＿＿＿＿。

（10）假设有列表 a = ['河北省','河南省','山西省']和 b = ['石家庄', '郑州','太原']，请使用一条语句将这两个列表的内容转换为字典，形式如 c={'河北省': '石家庄',......}，则c=＿＿＿＿＿＿＿＿＿＿＿＿＿＿＿＿＿。

3. 填空题

（1）统计英文句子"Life is short,we need Python."中各字符出现的次数，请填空。

```
sentence="Life is short,we need Python."
sentence=sentence.lower()        #将英文句子中的字符统一为小写字母
counts={}
for c in sentence:
    _____
print(counts)
```

（2）按成绩降序输出对应的学生的姓名，请填空。

```
dic_score={"李刚":93,"陈静":78,"张金柱":88,\
        "赵启山":91,"李鑫":65,"黄宁":83}
lstvk=[(v,k) for k,v in _____ ]
print(lstvk)
lstvk.sort( _____ )
print(lstvk)
for x in lstvk:
```

```
        print(_____)
```

（3）输入用户名和密码进行验证，请填空。

```
myDict={"John":"123","Marry":"111","Tommy":"123456"}
username=input('请输入用户名：')
if username _____ myDict:
    print('该用户不存在！')
else:
    password=input('请输入密码：')
    if password _____ myDict[username]:
        print('密码不正确！')
    else:
        print('成功登录！')
```

4. 编程题

（1）编写程序，把收到的莫尔斯电码 "...---..." 翻译成 ASCII。

（2）编写程序，根据东南亚地区的国家名称查询其首都。（东南亚地区数据：越南→河内，老挝→万象，柬埔寨→金边，泰国→曼谷，缅甸→内比都，马来西亚→吉隆坡，新加坡→新加坡市，印度尼西亚→雅加达，文莱→斯里巴加湾市，菲律宾→马尼拉，东帝汶→帝力。）

（3）输入一段英文，统计文中每个字母出现的次数，输出出现频率最高的 5 个字母及其所占百分比。

（4）编写程序，实现通讯录（包括姓名、电话号码两项信息）的输入输出。

（5）编写程序，通过输入某人的身份证号码，判断其所属省份、出生日期和性别。（身份证编码规则：共 18 位，其中，1、2 位表示省份，7～14 位表示出生日期，17 位表示性别，其值为偶数时表示性别为女。）

（6）仿照例 7-4，编写猜硬币游戏，输入 "END" 结束游戏并输出准确率。

四、问题讨论

（1）在例 7-3 的基础上，保持原始数据不变，再添加一列 "平均分"，由程序自动完成，如何修改程序？

（2）字典的 items() 返回的键值对可以修改吗？如果能，则字典数据会改变吗？

（3）在进行词频统计时要替换一些符号，怎样更方便、高效地替换这些符号？

（4）如果要对中文进行词频统计，则可以使用哪些工具？

实验 8 集合的定义和应用

一、实验目的

（1）掌握集合的创建方法。
（2）掌握集合元素的访问方法。
（3）掌握集合的基本操作。
（4）掌握集合的典型应用。

二、范例分析

例 8-1 地铁网络四通八达，每条线路都有换乘站。编写程序，输出地铁线路的换乘站。（天津市地铁 1 号线部分站点：刘园站，瑞景新苑站，佳园里站，本溪路站，勤俭道站，洪湖里站，西站站，西北角站，西南角站，二纬路站，海光寺站，鞍山道站，营口道站，小白楼站，下瓦房站，南楼站，土城站，陈塘庄站，复兴门站，华山里站，财经大学站，双林站，李楼站。天津市地铁 2 号线站点：曹庄站，卞兴站，芥园西道站，咸阳路站，长虹公园站，广开四马路站，西南角站，鼓楼站，东南角站，建国道站，天津站站，远洋国际中心站，顺驰桥站，靖江路站，翠阜新村站，屿东城站，登州路站，国山路站，空港经济区站，滨海国际机场站。）

分析：线路站点没有重复数据，适合使用集合进行存储。换乘站点是两条线路的交汇点，也是两个集合的交集。

参考程序如下。

```
01  """
02     实验 8_例 1：输出地铁线路的换乘站
03     ************************************************
04     文件名:exp8_1.py
05
06  """
07
08  #用户主函数
09  def main():
10      line1 = {'刘园站','瑞景新苑站','佳园里站','本溪路站','勤俭道站',
11               '洪湖里站','西站站','西北角站','西南角站','二纬路站',
12               '海光寺站','鞍山道站','营口道站','小白楼站','下瓦房站',
13               '南楼站','土城站','陈塘庄站','复兴门站','华山里站',
14               '财经大学站','双林站','李楼站'}
15      stations = '''曹庄站,卞兴站,芥园西道站,咸阳路站,长虹公园站,广开四马
                      路站,西南角站,
```

```
16              鼓楼站,东南角站,建国道站,天津站站,远洋国际中心站,顺驰桥站,
                靖江路站,
17              翠阜新村站,屿东城站,登州路站,国山路站,空港经济区站,滨海国
                际机场站'''
18
19      line2 = set(stations.split(','))
20      msg = ', '.join(line1.intersection(line2))
21
22      print(f'天津地铁一号线与二号线的换乘站：{msg}')
23
24  #程序以模块方式运行时执行以下代码
25  if __name__ == '__main__':
26      main()
27
28      print()                         #输出空行
29      #如果双击运行程序,则插入以下代码后,可以看到屏幕输出结果
30      input("按回车键结束程序......")
```

程序运行结果如图 8-1 所示。

天津地铁一号线与二号线的换乘站：西南角站

按回车键结束程序......

图 8-1　例 8-1 程序运行结果

10 行：使用{}或 set()函数创建集合。注意集合和字典的区别：创建一个空集合时必须使用 set()函数而不是{}，{}用来创建一个空字典。

19 行：stations 字符串用 split(',')函数分隔成天津市地铁 2 号线站点列表，set()函数对列表进行去重，并将其转换为集合。

20 行：line1.intersection(line2)用于返回 line1 与 line2 的交集，join()函数用于把集合元素连接成字符串。

例 8-2　编写程序，统计一个英文段落出现的不重复单词的数量。（英文内容：Whether the weather be fine, or whether the weather be not. Whether the weather be cold, or whether the weather be hot. We will weather the weather whether we like it or not.）

分析：可以使用字典进行词频统计，并使用 len()函数计算单词数量。另外，可以利用集合的特点去重，集合元素的数量就是不重复单词的数量。

参考程序如下。

```
01  """
02      实验 8_例 2：统计一个英文段落出现的不重复单词的数量
03      *********************************************************
```

```
04     文件名:exp8_2.py
05
06     """
07
08     #用户主函数
09     def main():
10         s='''Whether the weather be fine, or whether the weather be not.
11             Whether the weather be cold , or whether the weather be hot.
12             We will weather the weather whether we like it or not.
13          '''
14         delchr = {' ',',','','','',''','','?',':'}
15         s=s.lower()
16         for x in '.,:;':
17             s=s.replace(x,' ')
18         lst=s.split()
19         wordSet=set(lst)
20         print(wordSet)
21         wordSet = wordSet - delchr
22
23         print(wordSet)
24         print("一共出现了{}个单词。".format(len(wordSet)))
25
26     #程序以模块方式运行时执行以下代码
27     if __name__ == '__main__':
28         main()
29
30         print()                              #输出空行
31         #如果双击运行程序，则插入以下代码后，可以看到屏幕输出结果
32         input("按回车键结束程序......")
```

程序运行结果如图 8-2 所示。

```
{'cold', 'like', 'be', '?', 'it', 'weather', 'whether', 'will', 'we', 'the', 'not', 'fine', 'or', 'hot'}
{'like', 'it', 'be', 'weather', 'whether', 'will', 'we', 'not', 'the', 'cold', 'fine', 'or', 'hot'}
一共出现了13个单词。

按回车键结束程序......
```

图 8-2　例 8-2 程序运行结果

14 行：定义了准备删除的字符集合。

17 行：把标点符号替换为空格。

18 行：默认用空白字符（空格、制表符、回车符等）分隔字符串，产生 lst 列表。

21 行：两个集合求差，从单词集合中去掉要删除字符集合中的元素。

例 8-3 编写程序，统计学生选课情况。学生选课情况如表 8-1 所示。

表 8-1 学生选课情况

姓名	政治	历史
王丽	√	√
陈强	√	
张晓晓		√
刘磊		√
冯燕	√	
王晓	√	
陈白		√
刘萌萌	√	√
刘艾嘉	√	
张平		√
邱恒	√	
林嘉欣		√

要求统计以下信息：

（1）同时选修政治和历史的学生的姓名。

（2）只选修政治的学生的姓名。

（3）只选修历史的学生的姓名。

（4）只选修一门课程的学生的姓名。

分析：把表 8-1 转换为两个集合，一个用于存放选修政治的学生的姓名，一个用于存放选修历史的学生的姓名。两个集合做交、差、对称差分等运算即可完成数据统计。

参考程序如下。

```
01    """
02    实验 8_例 3：统计学生选课情况
03    ********************************************
04    文件名:exp8_3.py
05
06    """
07
08    #用户主函数
09    def main():
10        dic_course = {'name':('王丽','陈强','张晓晓','刘磊','冯燕','王晓
                       ','陈白','刘萌萌','刘艾嘉','张平','邱恒','林嘉欣'),
11
12                     'poli':( 1,1,0,0,1,1,0,1,1,0,1,0),
13                     'hist':( 1,0,1,1,0,0,1,1,0,1,0,1)
14            }
15        politics = set()
```

```
16      history = set()
17      for i in range(len(dic_course['name'])):
18          if dic_course['poli'][i] == 1:
19              politics.add(dic_course['name'][i])
20          if dic_course['hist'][i] == 1:
21              history .add(dic_course['name'][i])
22
23      print(f'政治：{politics}')
24      print(f'历史：{history}')
25      print(f'选政治又选历史：{politics & history}')
26      print(f'选政治又选历史：{politics.intersection(history)}')
27      print(f'选政治没选历史：{politics - history}')
28      print(f'选政治没选历史：{politics.difference(history)}')
29      print(f'选历史没选政治：{history - politics}')
30      print(f'选历史没选政治：{history.difference(politics)}')
31      print(f'只选一门课程：{history ^ politics}')
32      print(f'只选一门课程：{history.symmetric_difference(politics)}')
33  #程序以模块方式运行时执行以下代码
34  if __name__ == '__main__':
35      main()
36
37      print()                              #输出空行
38      #如果双击运行程序，则插入以下代码后，可以看到屏幕输出结果
39      input("按回车键结束程序......")
```

程序运行结果如图 8-3 所示。

```
政治：{'刘萌萌', '王晓', '冯燕', '陈强', '王丽', '邱恒', '刘艾嘉'}
历史：{'刘萌萌', '张平', '陈白', '张晓晓', '刘磊', '林嘉欣', '王丽'}
选政治又选历史：{'刘萌萌', '王丽'}
选政治又选历史：{'刘萌萌', '王丽'}
选政治没选历史：{'王晓', '冯燕', '陈强', '邱恒', '刘艾嘉'}
选政治没选历史：{'王晓', '冯燕', '陈强', '邱恒', '刘艾嘉'}
选历史没选政治：{'张平', '陈白', '张晓晓', '刘磊', '林嘉欣'}
选历史没选政治：{'张平', '陈白', '张晓晓', '刘磊', '林嘉欣'}
只选一门课程：{'张平', '王晓', '陈白', '冯燕', '张晓晓', '林嘉欣', '邱恒', '刘磊', '陈强', '刘艾嘉'}
只选一门课程：{'张平', '王晓', '陈白', '冯燕', '张晓晓', '林嘉欣', '邱恒', '刘磊', '陈强', '刘艾嘉'}

按回车键结束程序......
```

图 8-3　例 8-3 程序运行结果

10 行：把表格表示为字典，表格的字段名作为字典的键，列数据以元组的形式作为字典的值。其中"√"用 1 表示，空白用 0 表示。

15 行和 16 行：建立选修政治和历史的学生的姓名的空集合。

19 行～21 行：根据条件（选课情况）向集合中添加学生姓名。

25 行和 26 行：集合交运算的两种形式。

27 行～30 行：集合差运算的两种形式。

31 行和 32 行：集合对称差分运算的两种形式。

三、实验内容

1. 选择题

（1）以下程序的输出结果是（　　）。

```
d = {"Zhang":"China", "Jone":"America", "Natan":"Japan"}
for k in d:
    print(k, end="")
```

    A. ZhangJoneNatan

    B. Zhang:China Jone:America Natan:Japan

    C. "Zhang" "Jone" "Natan"

    D. ChinaAmericaJapan

（2）print(type({7,"hello",2,3,4}))的运行结果是（　　）。

    A. <class'tuple'>　　　B. <class'dict'>　　　C. <class'list'>　　　D. <class'set'>

（3）运行以下程序，当从键盘输入{1:"清华大学",2:"北京大学"}时，运行结果是（　　）。

```
x =eval(input())
print(type(x))
```

    A. dict　　　　　　B. list　　　　　　C. 出错　　　　　　D. set

（4）以下选项中不属于组合数据类型的是（　　）。

    A. 变体类型　　　　B. 字典类型　　　　C. 映射类型　　　　D. 序列类型

（5）以下不能创建一个集合的语句是（　　）。

    A. s1 = set ()　　　　　　　　　　　　B. s2 = set("abcd")

    C. s3 = (1, 2, 3, 4)　　　　　　　　　　D. s4 = frozenset((3,2,1))

（6）S 和 T 是两个集合，对 S^T 的描述正确的是（　　）。

    A. S 和 T 的并运算，包括在集合 S 和 T 中的所有元素

    B. S 和 T 的差运算，包括在集合 S 但不在 T 中的元素

    C. S 和 T 的补运算，包括集合 S 和 T 中的非相同元素

    D. S 和 T 的交运算，包括同时在集合 S 和 T 中的元素

（7）以下表达式中，正确定义了一个集合数据对象的是（　　）。

    A. x = { 200, 'flg', 20.3}　　　　　　　B. x = (200, 'flg', 20.3)

    C. x = [200, 'flg', 20.3]　　　　　　　D. x = {'flg' : 20.3}

（8）以下程序的输出结果是（　　）。

```
ss = list(set("jzzszyj"))
```

```
ss.sort()
print(ss)
```

A. ['z', 'j', 's', 'y']　　　　　　　　B. ['j', 's', 'y', 'z']

C. ['j', 'z', 'z', 's', 'z', 'y', 'j']　　　D. ['j', 'j', 's', 'y', 'z', 'z', 'z']

（9）以下程序的输出结果是（　　）。

```
ss = set("htslbht")
ss = sorted(ss)
for i in ss:
    print(i,end = '')
```

A. htslbht　　　B. bhlst　　　C. tsblh　　　D. hhlstt

（10）以下关于组合数据类型的描述错误的是（　　）。

　　A. 集合类型是一种具体的数据类型

　　B. 序列类型和映射类型都是一类数据类型的总称

　　C. Python 的集合类型与数学中的集合概念一致，都是多个数据项的无序组合

　　D. 字典类型的键可以使用的数据类型包括字符串、元组及列表

（11）以下关于组合数据类型的描述正确的是（　　）。

　　A. 利用组合数据类型可以将多个数据用一种类型来表示和处理

　　B. 序列类型和集合类型中的元素都是可以重复的

　　C. 一个映射类型的变量中的关键字可以是不同类型的数据

　　D. 集合类型中的元素是有序的

（12）定义 a 是一个空集合的正确方法是（　　）。

　　A. a={}　　　B. a=[]　　　C. a=()　　　D. a=set()

（13）集合与字典的区别在于（　　）。

　　A. 集合有键，字典无键

　　B. 集合无键，字典有键

　　C. 集合采用[]，字典采用{}

　　D. 集合可以通过下标方式访问，字典只能通过键访问

（14）s1={1,3,5}，s2={4,5,6}，则执行 s1.update(s2)后（　　）。

　　A. s2={1,3,4,5,6}　　　　　　　B. s2={1,3,4,5,5,6}

　　C. s1={1,3,4,5,6}　　　　　　　D. s1={1,3,4,5,5,6}

2. 读程序题

（1）以下程序的输出结果是_____。

```
s1 = {'abc','def','ghi'}
s2 = {'a','b','c','d','e','f','g','i'}
print(s1 & s2)
```

（2）以下程序的输出结果是_____。

```
s1={1,2,3,4,5}
s2={3,4,5,6,7}
s = s1 - s2
print(s)
```

（3）s1={1,3,5}，s2={4,5,6}，则 s1^s2 的结果是_____。

（4）已知 s1={1,3,5}，s2={4,5,6}，则 s1|s2 的结果是_____。

（5）s1={x for x in 'abracadabra' if x not in 'abc'}，则 s1 是_____。

3. 填空题

（1）小张的购物车中有苹果、梨、香蕉、桃，小王的购物车中有荔枝、苹果、草莓、香蕉。请填空。

```
zhang = {'苹果','梨','香蕉','桃'}
wang = {'荔枝','苹果','草莓','香蕉'}
print(f'两人都喜欢吃：{_____}')
print(f'小张可能不喜欢吃：{_____}')
print(f'小王可能不喜欢吃：{_____}')
print(f'他们一共买了{_____} 种水果')
```

运行结果如下。

```
两人都喜欢吃：{'香蕉', '苹果'}
小张可能不喜欢吃：{'荔枝', '草莓'}
小王可能不喜欢吃：{'桃', '梨'}
他们一共买了 6 种水果
```

（2）从键盘输入一个字符串，统计不重复字符的数量。请填空。

```
s = input('请输入一个字符串：')
print(f'你共输入了 {_____} 个字符。')
print(f'你共输入了 {_____} 种字符。')
```

运行结果如下。

```
请输入一个字符串：1 2 3 4 ccv234dfty
你共输入了 18 个字符。
你共输入了 11 种字符。
```

4. 编程题

（1）某学校举行跳高、跳远比赛，报名跳高项目的有张安、戴青、李丽、李萍、王娜、陈白露；报名跳远项目的有戴青、李丽、杨朱、杨忠、薛琳、李婷婷、艾青、梁凡。编写程序统计以下信息。

① 共有多少人参加了两项比赛？

② 共有多少人只参加了一项比赛？

③ 共有多少人只参加了跳高比赛？

④ 共有多少人只参加了跳远比赛？

（2）假设有一段中文文章，统计文中出现的汉字个数（不重复统计相同字符）。

（3）小张的通讯录中存有薛琳、李婷婷、艾青、梁凡、丁成、钟林、李金、潘纯、沈林军、汪聪的联系方式。小王的通讯录中存有李萍、王娜、陈白露、刘娥、张飞飞、杨朱、杨忠、薛琳、李婷婷、艾青、梁凡的联系方式。编写程序，输出小张、小王共同认识的人。

四、问题讨论

（1）集合可以切片操作吗？可以索引吗？

（2）集合的元素可以是列表、字典吗？

实验 9 类的定义和使用

一、实验目的

（1）理解类与对象的关系。
（2）理解属性和方法的概念。
（3）掌握类的定义与使用方法。
（4）了解类的专有方法及运算符重载。

二、范例分析

例 9-1 定义一个圆类，实现计算圆周长、面积的功能。

分析：圆的半径是圆的基本属性，计算周长、面积在前面实验中已使用函数实现过，在类中，是使用方法实现的。

参考程序如下。

```python
01  """
02    实验 9_例 1：定义一个圆类，实现计算圆周长、面积的功能
03    **********************************************
04    文件名：exp9_1.py
05
06  """
07
08  import math
09
10  class MyCircle(object):
11      '''定义圆类练习，一个属性——半径，两个方法——周长、面积
12      '''
13
14      def __init__(self,radius=1):
15          """初始化方法
16
17          :param radius: 半径
18          """
19          print('对象的初始化方法被调用...')
20          self.radius = radius
21
22      def perimeter(self):
23          ''' 计算周长 '''
24          print('对象的周长方法被调用...')
```

```
25            return 2 * self.radius * math.pi
26
27      def area(self):
28          ''' 计算面积 '''
29          print('对象的面积方法被调用...')
30          return self.radius * self.radius * math.pi
31
32  def main():
33      c1 = MyCircle(float(input('输入圆的半径: ')))
34
35      print(f'圆的半径为{c1.radius}，周长为{c1.perimeter():.3f}')
36      print(f'圆的半径为{c1.radius}，面积为{c1.area():.3f}')
37
38  #程序以模块方式运行时执行以下代码
39  if __name__ == '__main__':
40      main()
41
42      print()                          #输出空行
43      #如果双击运行程序，则插入以下代码后，可以看到屏幕输出结果
44      input("按回车键结束程序......")
```

程序运行结果如图 9-1 所示。

```
输入圆的半径: 4
对象的初始化方法被调用...
对象的周长方法被调用...
圆的半径为4.0，周长为25.133
对象的面积方法被调用...
圆的半径为4.0，面积为50.265

按回车键结束程序......
```

图 9-1 例 9-1 程序运行结果

10 行：定义类，如果一个类不继承自其他类，则显式地从 object 继承。

14 行：__init__()类的初始化方法（构造方法），创建对象时被执行，完成对象的初始化。半径的默认值为 1。self 代表类的实例，而非类。

22 行：定义周长方法。类的方法与普通的函数只有一个特殊的区别——它们必须有一个额外的第一个参数的名称，按照惯例，其名称是 self。

27 行：定义面积方法。

33 行：创建 MyCircle 对象的一个实例 c1，半径由键盘输入的数字转换而来。

例 9-2 定义一个圆类，实现计算圆周长、面积、环形面积的功能。

分析：与前例进行比较，发现要求中多了环形面积的计算。环形面积是两个同心圆

的面积差，环形面积定义为两个圆对象做减法，在类中重新定义减法运算。

参考程序如下。

```
01  """
02      实验 9_例 2：定义一个圆类，实现计算圆周长、面积、环形面积的功能
03      ************************************************************
04      文件名：exp9_2.py
05
06  """
07
08  import math
09
10  class MyCircle(object):
11      '''定义圆类练习，一个属性——半径，两个方法——周长、面积
12      '''
13
14      def __init__(self,radius=1):
15          """初始化方法
16
17          :param radius: 半径
18          """
19          self.radius = radius
20
21      def perimeter(self):
22          ''' 计算周长 '''
23          return 2 * self.radius * math.pi
24
25      def area(self):
26          ''' 计算面积 '''
27          return  self.radius * self.radius * math.pi
28
29      def __str__(self):
30          """返回一个对象的描述信息"""
31          return  f'圆的半径：{self.radius:.3f}'
32
33      def __sub__(self,other):
34          ''' 计算环形面积 '''
35          return  abs((self.radius * self.radius
36                      - other.radius * other.radius) * math.pi)
37
38  def main():
39      c1 = MyCircle(float(input('输入圆的半径：')))
```

```
40      c2 = MyCircle(float(input('输入圆的半径：')))
41
42      print(f'{c1}，周长为{c1.perimeter():.3f}')
43      print(f'{c1}，面积为{c1.area():.3f}')
44      print(f'{c2}，周长为{c2.perimeter():.3f}')
45      print(f'{c2}，面积为{c2.area():.3f}')
46
47      print(f'环形的面积：{(c1-c2):.3f}')
48
49  #程序以模块方式运行时执行以下代码
50  if __name__ == '__main__':
51      main()
52
53      print()                          #输出空行
54      #如果双击运行程序，则插入以下代码后，可以看到屏幕输出结果
55      input("按回车键结束程序......")
```

程序运行结果如图 9-2 所示。

```
输入圆的半径：1
输入圆的半径：2
圆的半径：1.000，周长为6.283
圆的半径：1.000，面积为3.142
圆的半径：2.000，周长为12.566
圆的半径：2.000，面积为12.566
环形的面积：9.425

按回车键结束程序......
```

图 9-2　例 9-2 程序运行结果

29 行：在 Python 中，如果方法名是 __××××__()形式的，则它们有特殊的功能，又叫作"魔法"方法。如果类中定义了__str__(self)方法，则输出类时，会输出从这个方法中返回的字符串，而字符串一般是对象的描写。

33 行："-"运算符重载，重新定义了两个对象的差为面积差。

35 行：abs()为绝对值函数。

42 行：输出对象 c1，返回的是字符串"圆的半径：{self.radius:.3f}"。

47 行：(c1-c2)表示两个对象做减法，在类中重新定义了__sub__，结果为两个圆面积差的绝对值。

例 9-3　定义一个 Person 类，包括姓名、年龄、体重等属性和一个自我介绍方法。

分析：年龄、体重一般属于个人隐私，在 Python 类中，通常约定以两条下划线开头的属性、方法是私有的。类内部可以访问私有属性（方法），类外部不能直接访问私有属性（方法）。

参考程序如下。

```
01  """
02      实验 9_例 3：定义一个 Person 类，包括姓名、年龄、体重等属性和一个自我介绍
方法
03      *************************************************
04      文件名:exp9_3.py
05
06  """
07
08  class Person(object):
09      '''定义一个 Person 类
10      '''
11
12      def __init__(self,name,age=10,weight=20):
13          """初始化方法
14
15          :param radius: 半径
16          """
17          self.name = name
18          self.__age = age
19          self.__weight = weight
20
21      def __work(self):    #私有实例方法，通过 dir 可以查到_Person__work
22          print('我正在玩游戏！')
23
24      def intrme(self):
25          ''' 自我介绍 '''
26              print(f'{self.name} 说：我今年{self.__age}岁，体重
{self.__weight}公斤。')
27          self.__work()
28
29      def __str__(self):
30          """返回一个对象的描述信息"""
31          return  f'{self.name} 好棒！'
32
33  def main():
34      p1 = Person('张三',19,50)
35      p1.intrme()
36      print(f'公有属性可以访问，如姓名：{p1.name}')
37      #p1.__work()
38
```

```
39    #程序以模块方式运行时执行以下代码
40    if __name__ == '__main__':
41        main()
42
43        print()                    #输出空行
44        #如果双击运行程序，则插入以下代码后，可以看到屏幕输出结果
45        input("按回车键结束程序......")
```

程序运行结果如图 9-3 所示。

图 9-3　例 9-3 程序运行结果

18 行：初始化私有属性__age。

19 行：初始化私有属性__weight。

21 行：定义私有方法__work。

26 行：在类内部，可以访问私有属性__age、__weight。

27 行：在类内部，调用私有方法__work。

34 行：创建对象 p1，其姓名为张三，年龄为 19 岁，体重为 50 公斤。

35 行：调用公有方法 intrme()。

36 行：访问公有属性 name。

37 行：调用私有方法__work，系统报错（该行代码已经被注释）。

三、实验内容

1. 选择题

（1）以下不属于面向对象特征的是（　　）。

　　A. 封装　　　　　　B. 继承　　　　　　C. 多态　　　　　　D. 复合

（2）以下关于类的叙述错误的是（　　）。

A. 类是用来描述具有相同的属性和方法的对象的集合

B. 类有一个名为__init__()的特殊方法（构造方法），该方法在类实例化时会自动调用

C. 类的方法与普通的函数没有特殊的区别，都使用 def 定义

D. 数据成员是类变量或者实例变量用于处理类及其实例对象的相关数据

（3）下列不属于 Python 类的特殊成员方法的是（　　）。

　　A. __doc__　　　　　B. __class__　　　C. __del__　　　　　D. __help__

（4）在 Python 中，属性和方法的访问权限是私有的为（　　）。

A．def＿＿bar(self)　　　　　　B．def prt(self)

C．def test(self)　　　　　　　D．def run(self)

（5）在 Python 中，不属于类方法的是（　　）。

A．实例方法　　　B．类方法　　　C．静态方法　　　D．函数方法

（6）关于面向过程和面向对象，下列说法错误的是（　　）。

A．面向过程强调的是解决问题的步骤

B．面向过程和面向对象都是解决问题的一种思路

C．面向过程是基于面向对象的

D．面向对象强调的是解决问题的对象

（7）关于类和对象的关系，下列描述正确的是（　　）。

A．类是面向对象的核心

B．类是现实中事物的个体

C．对象描述的是现实的个体，它是类的实例

D．对象是根据类创建的，且一个类只能对应一个对象

（8）构造方法是类的一个特殊方法，它在 Python 中的名称为（　　）。

A．与类同名　　　B．＿＿init＿＿　　　C．init　　　D．_construct

（9）Python 中用于释放类占用资源的方法是（　　）。

A．＿＿init＿＿　　　B．_del　　　C．＿＿del＿＿　　　D．delete

（10）下列关于类属性和实例属性的说法中，描述正确的是（　　）。

A．通过类可以获取实例属性的值

B．类属性既可以显式定义，又能在方法中定义

C．类的实例只能获取实例属性的值

D．公有类属性可以通过类和类的实例访问

2．读程序题

（1）以下程序的输出结果是＿＿＿＿＿＿＿＿＿＿＿。

```
class people(object):
    def __init__(self,name,age):
        self.name=name
        self.age=age
    def __str__(self):
        return '这个人的名字是%s,已经有%d岁了！'\
        %(self.name,self.age)
a=people('孙悟空',999)
print(a)
```

（2）以下程序的输出结果是＿＿＿＿＿＿＿＿＿＿＿。

```
class Complex:
```

```
    def __init__(self, realpart, imagpart):
        self.r = realpart
        self.i = imagpart
x = Complex(3.0, -4.5)
print(x.r, x.i)
```

（3）以下程序的输出结果是_____。

```
class Student(object):
    def __init__(self, name, age):
        self.name = name
        self.age = age
        print(f'{self.name} 对象初始化完成! ',end='#')

    def study(self, course_name):
        print(f'{self.name} 正在学习{course_name}!',end='#' )

    def __del__(self):
        print(f'{self.name} 对象被销毁! ',end='#')

stu1 = Student('张三',18)
stu1.study('Python')
del stu1
```

（4）以下程序的输出结果是_____。

```
class Student(object):
    def __init__(self, name, age):
        self.name = name
        self.age = age

    def study(self, course_name):
        pass

    def __del__(self):
        print(f'{self.name} 对象被销毁! ',end='#')

stu1 = Student('张三',18)
stu1.study('Python')
stu2 = Student('张三',18)
stu2.study('Python')
print(stu1 is stu2,end='#')
stu2 = stu1
print(stu1 is stu2,end='#')
```

3. 填空题

（1）以下程序在主函数中创建了一个 clock 对象，调用 run() 方法时可更新时间数据，打印 clock 对象时可输出时间。补充类代码，以实现上述功能。

```python
class Clock(object):
    """ 数字时钟     """
    def __init__(self, hour=0, minute=0, second=0):
        """
        构造器

        :param hour: 时
        :param minute: 分
        :param second: 秒
        """
        self.__hour = _____
        self.__minute = _____
        self.__second = _____


    def run(self):
        """走时"""
        self.__second += 1
        if _____:
            self.__second = 0
            self.__minute += 1
            if _____:
                self.__minute = 0
                self.__hour += 1
                if _____:
                    self.__hour = 0
    def _____(self):
        """返回时间字符串"""
        return '%02d:%02d:%02d' % \
            (self.__hour, self.__minute, self.__second)
def main():
    from time import sleep
    clock = Clock(23, 59, 58)
    while True:      #按 Ctrl+C 组合键终止程序运行
        print(clock,end='\r')
        sleep(1)      #延时 1s
        clock.run()
```

```
if __name__ == '__main__':
    main()
```

（2）以下程序中比较了两个对象的年龄，补充类代码，实现上述功能。

```
class Student(object):
    def __init__(self, name, age):
        self.name = name
        self.age = age

    def _____:
        return self.age - other.age
    def _____:
        return self.age == other.age
    def _____:
        return self.age > other.age


stu1 = Student('张三',18)
stu2 = Student('李四',19)

if stu1 == stu2:
    print(f'{stu1.name}和{stu2.name}同岁。')
elif stu1 > stu2:
    print(f'{stu1.name}比{stu2.name}大{stu1 - stu2}岁。')
else:
    print(f'{stu1.name}比{stu2.name}小{stu2 - stu1}岁。')
```

4. 编程题

（1）定义一个长方形类，实现计算其周长、面积的功能。

（2）定义一个类（Point），用于描述平面上的点并提供移动点（moveto）和计算到另一个点距离（distanceto）的方法。

（3）定义一个动物类（Animal），其中包含名称和叫声两个属性，使用一个 sing 方法模拟其叫声。

（4）定义一个汽车类（Car），包含品牌、型号、年代等属性，输出对象时，要输出其年代、品牌、型号。

四、问题讨论

（1）函数定义与类的方法定义有什么不同？

（2）Python 类的私有方法、属性有什么特征？它们在访问上分别有什么限制？

实验 10　类的继承与多态

一、实验目的

（1）了解类的派生与继承。

（2）了解类的方法重写。

（3）了解类的多重继承。

（4）了解类的多态。

二、范例分析

例 10-1　定义一个扇形类，实现计算扇形周长、面积的功能。

分析：在前面实验的 MyCircle 类中已经实现了周长、面积的计算。扇形类可以从 MyCircle 类中继承部分代码，对部分方法进行修改、完善（方法重写）。

参考程序如下。

```
01  """
02    实验10_例1：定义一个扇形类，实现计算扇形周长、面积的功能
03    **************************************************
04    文件名:exp10_1.py
05
06  """
07
08  import math
09
10  class MyCircle(object):
11      '''定义圆类练习，一个属性——半径，两个方法——周长、面积
12      '''
13
14      def __init__(self,radius=1):
15          """初始化方法
16
17          :param radius: 半径
18          """
19          self.radius = radius
20
21      def perimeter(self):
22          ''' 计算周长 '''
23          return 2 * self.radius * math.pi
24
```

```python
25      def area(self):
26          ''' 计算面积 '''
27          return self.radius * self.radius * math.pi
28
29      def __str__(self):
30          """返回一个对象的描述信息"""
31          return f'圆的半径: {self.radius:.3f}'
32
33      def __sub__(self,other):
34          ''' 计算环面积 '''
35          return abs((self.radius * self.radius
36                      - other.radius * other.radius) * math.pi)
37
38  class Sector(MyCircle):
39      ''' 定义扇形类，其继承自MyCircle'''
40      def __init__(self,radius,angle):
41          """初始化方法
42
43          :param radius: 半径
44          :param angle: 角度
45          """
46          MyCircle.__init__(self,radius)
47          self.angle = angle
48
49      def area(self):
50          ''' 计算面积 '''
51          return MyCircle.area(self) * self.angle / 360
52
53      def perimeter(self):
54          """计算周长 """
55          return MyCircle.perimeter(self) * self.angle / 360 + 2 *
self.radius
56
57      def __str__(self):
58          """返回一个对象的描述信息"""
59          return f'半径: {self.radius:.3f}，圆心角: {self.angle} 的扇形'
60
61  def main():
62      c1 = MyCircle(float(input('输入圆的半径: ')))
63      c2 = MyCircle(float(input('输入圆的半径: ')))
64
65      print(f'{c1}，周长为{c1.perimeter():.3f}')
```

```
66        print(f'{c1}，面积为{c1.area():.3f}')
67        print(f'{c2}，周长为{c2.perimeter():.3f}')
68        print(f'{c2}，面积为{c2.area():.3f}')
69
70        print(f'环形的面积：{(c1-c2):.3f}')
71
72        s1 = Sector(2,180)
73        print(f'{s1}，周长：{s1.perimeter():.3f}')
74        print(f'{s1}，面积：{s1.area():.3f}')
75
76    #程序以模块方式运行时执行以下代码
77    if __name__ == '__main__':
78        main()
79
80        print()                        #输出空行
81    #如果双击运行程序，则插入以下代码后，可以看到屏幕输出结果
82        input("按回车键结束程序......")
```

程序运行结果如图 10-1 所示。

```
输入圆的半径：1
输入圆的半径：2
圆的半径：1.000，周长为6.283
圆的半径：1.000，面积为3.142
圆的半径：2.000，周长为12.566
圆的半径：2.000，面积为12.566
环形的面积：9.425
半径：2.000，圆心角：180 的扇形，周长：10.283
半径：2.000，圆心角：180 的扇形，面积：6.283

按回车键结束程序......
```

图 10-1 例 10-1 程序运行结果

38 行：定义子类 Sector，其从 MyCircle 继承。

40 行：定义子类的初始化方法，相较父类，其多了 angle 属性。

46 行：显式地调用父类的初始化方法。

47 行：self.angle = angle 用于初始化 angle 属性。

49 行～51 行：重写 area 方法，在父类 area 方法的基础上修改面积计算代码。

53 行～55 行：重写 perimeter 方法，在父类 perimeter 方法的基础上修改周长计算代码。

57 行～59 行：重写__str__()方法。

72 行：创建扇形对象 s1，其半径为 2，圆周角为 180°。

73 行：调用 s1 对象的 perimeter()方法计算扇形的周长，与 65 行的 perimeter()方法

的名称相同，代码不同。

　　74 行：调用 s1 对象的 area()方法计算扇形的面积。

　　例 10-2　定义一个 User 类，其包括 Person 类和 Account 类的全部属性及方法。Account 类包括用户名和密码两个属性以及一个设置密码的方法，Person 类见例 9-3。

　　分析：User 类可以继承 Person 类和 Account 类属性和方法（多重继承）。

　　参考程序如下。

```
01  """
02      实验10_例2：定义一个 Person 类+Account 类
03      ******************************************************
04      文件名:exp10_2.py
05
06  """
07
08  class Person(object):
09      '''定义一个 Person 类
10      '''
11
12      def __init__(self,name,age=10,weight=20):
13          """初始化方法
14
15          :param name: 姓名
16          """
17          self.name = name
18          self.__age = age
19          self.__weight =weight
20
21      def __work(self): #私有实例方法，通过 dir 可以查看到__Person__work
22          print('我正在玩游戏！')
23
24      def intrme(self):
25          ''' 自我介绍 '''
26              print(f'{self.name} 说：我今年 {self.__age} 岁，体重 {self.__weight}公斤。')
27          self.__work()
28
29      def __str__(self):
30          """返回一个对象的描述信息"""
31          return  f'{self.name} 好棒！'
32
33  class Account(object):
34      '''定义一个 Account 类
```

```
35          '''
36
37      def __init__(self,uid,passwd):
38          """初始化方法
39
40          :param uid, 用户名
41          :param passwd, 密码
42          """
43          self.uid = uid
44          self.passwd = passwd
45
46      def set_passwd(self,passwd):
47          '''设置密码'''
48          self.passwd = passwd
49
50      def __str__(self):
51          """返回一个对象的描述信息"""
52          return f'用户: {self.uid}。'
53
54  class User(Person,Account):
55      '''定义 User 类, 由 Person、Account 继承'''
56      def __init__(self,name,age,weight,uid,passwd):
57          Person.__init__(self,name,age,weight)
58          Account.__init__(self,uid,passwd)
59
60  def main():
61      p1 = User('张三',19,50,'zhang3','123456')
62      print(f'{p1.name} 的用户名是{p1.uid} 密码是{p1.passwd}')
63      p1.set_passwd('654321')
64      print(f'{p1.name} 修改了密码, 新密码是{p1.passwd}')
65      p1.intrme()
66      print(p1)
67
68  #程序以模块方式运行时执行以下代码
69  if __name__ == '__main__':
70      main()
71
72      print()                         #输出空行
73      #如果双击运行程序, 则插入以下代码后, 可以看到屏幕输出结果
74      input("按回车键结束程序......")
```

程序运行结果如图 10-2 所示。

图 10-2 例 10-2 程序运行结果

46 行：定义重置密码的方法。

54 行：定义子类 User，其从父类 Person、Account 继承属性和方法。

56 行：定义 User 类初始化方法。

57 行：调用父类 Person 的初始化方法，初始化 name、age、weight 这 3 个属性。

58 行：调用父类 Account 的初始化方法，初始化 uid、passwd 两个属性。

61 行：创建对象 p1。

62 行：输出用户名和密码。

63 行：调用 set_passwd()方法重置密码，该方法继承自 Account 类。

65 行：调用 intrme()方法，该方法继承自 Person 类。

66 行：输出对象 p1，调用了 Person 类的__str__方法。在多重继承时，若两个父类中存在相同名称的方法，则在子类没有指定父类名时，解释器将从左向右按顺序搜索。

三、实验内容

1. 选择题

（1）以下 C 类继承 A 类和 B 类的格式中，正确的是（   ）。

    A．class C A,B: B．class C(A:B)

    C．class C(A,B)   D．class C A and B:

（2）下列选项中，与 class Person 等价的是（   ）。

    A．class Person(Object)   B．class Person(Animal)

    C．class Person(object)   D．class Person: object

（3）执行 print(对象)语句后，Python 自动调用的"魔法"方法是（   ）。

    A．__str__   B．__repl__   C．__init__   D．__new__

（4）关于继承的描述错误的是（   ）。

    A．继承会在原有类的基础上产生新的类，这个新类就是子类

    B．子类能继承父类的一切属性和方法

    C．子类通过重写继承的方法来替代父类同名的方法

    D．一个子类可以有多个父类

（5）关于 Python 中类的多态描述错误的是（   ）。

    A．在创建类方法时，Python 允许不同的类具有相同名称的方法

B. 子类通过重新定义某些方法（方法重写）实现多态

C. 子类通过重写替代父类同名的方法，原父类的方法还可以被程序使用

D. 变量 x 可以保存任何类型对象，体现了其多态的性质

2. 读程序题

（1）以下程序的输出结果是＿＿＿＿＿＿＿＿＿＿＿＿＿。

```python
class A(object):
    def aa(self):
        print("aa",end='#')
class B(object):
    def bb(self):
        print("bb",end='#')
class C(B,A):
    def cc(self):
        print("cc",end='#')
c = C()
c.cc()
c.bb()
c.aa()
```

（2）以下程序的输出结果是＿＿＿＿＿＿＿＿＿＿＿＿＿。

```python
class A(object):
    def aa(self):
        print("aa",end='#')
class B(object):
    def bb(self):
        print("bb",end='#')
class C(B,A):
    def bb(self):
        print("cc",end='#')
c = C()
c.bb()
c.aa()
```

（3）以下程序的输出结果是＿＿＿＿＿＿＿＿＿＿＿＿＿。

```python
class Animal:
    def __init__(self,name,sound):
        self.name = name
        self.sound = sound
    def print_say(self):
        print("{0}发出了{1: ^4}的声音".format(self.name,self.sound))
```

```
class Dog(Animal):
    def __init__(self,name,sound):
        super(Dog, self).__init__(name,sound)
        super().print_say()
class Cat(Animal):
    def __init__(self,name,sound):
        Animal.__init__(self,name,sound)
        super().print_say()
d = Dog('dog','汪汪')
c = Cat('cat','喵喵')
```

3. 填空题

（1）在下面的程序中，从基类 Person 派生出 Student 和 Teacher 两个子类，根据程序运行结果补充下划线处的代码。

```
class Person(object):
    """人"""
    def __init__(self, name, age):
        self._name = name
        self._age = age
    def work(self):
        print(f'{self._name}在工作。')


class Student(Person):
    """学生"""
    def __init__(self, name, age, grade):
        super()._____
        _____

    def _____:
        print(f'{self._name} 学 {course}!')


class Teacher(Person):
    """老师"""
    def __init__(self, name, age, title):
        super()._____
        _____

    def _____:
        print(f'{self._name}{self._title} 教 {course}!')


stu = Student('王强', 15, '初三')
stu.work('Python')
t = Teacher('赵刚', 38, '老师')
```

```
t.work('Python')
```

程序运行结果如下。

```
王强 学 Python!
赵刚老师 教 Python!
```

（2）以下程序是多重继承的样例，根据程序运行结果补充下划线处的代码。

```
class People:
    def say(self):
        print("我是一个人，名字是",self.name)

class Animal:
    def display(self):
        print("人也是高级动物")
#同时继承 People 和 Animal 类
#其同时拥有 name 属性、say()和 display()方法
class Person(_____,_____):
    pass

zhangsan = _____
zhangsan.name = "张三"
zhangsan.say()
zhangsan.display()
```

程序运行结果如下。

```
我是一个人，名字是张三
人也是高级动物
```

4．编程题

（1）定义一个动物类（Animal），其包含名称和叫声两个属性，使用一个 sing 方法模拟叫声。再定义一个 Cat 子类，为其添加眼睛颜色属性（eye）。

（2）定义一个学生类（Student），其继承 Person 类，重写方法__work()（输出"我在学 Python!"）和__str__方法。

四、问题讨论

（1）什么是类的多态？多态的必要条件是什么？

（2）多重继承时，如果父类中有同名的方法，则 Python 会如何对其进行处理？

实验 11 字符串处理与正则表达式

一、实验目的

(1) 掌握字符串编码的转换方法。
(2) 掌握常用的转义字符。
(3) 掌握字符串处理常用的方法。
(4) 了解正则表达式的概念。
(5) 了解正则表达式处理字符串的方法。

二、范例分析

例 11-1 字符串编码的相互转换。

分析：计算机中不同的操作系统采用的字符编码可能不同，不同的软件也可能存在这样的问题，程序在输入输出时要考虑字符编码问题。

参考程序如下。

```
01   """
02      实验11_例1：字符串编码的相互转换
03      ************************************************
04      文件名:exp11_1.py
05
06   """
07
08   #用户主函数
09   def main():
10       str = "计算机";
11       str_utf8 = str.encode(encoding = "UTF-8")
12       str_gbk = str.encode(encoding ="GBK")
13
14       print('计算机内部的字符串: ',str)
15       print("str_utf8 变量的类型: ", type(str_utf8))
16       print("str_gbk 变量的类型: ", type(str_gbk))
17
18       print("UTF-8 编码: ", str_utf8)
19       print("GBK 编码: ", str_gbk)
20
21       print("UTF-8 解码: ", str_utf8.decode('UTF-8','strict'))
22       print("GBK 解码: ", str_gbk.decode('GBK','strict'))
```

```
23
24     #程序以模块方式运行时执行以下代码
25     if __name__ == '__main__':
26         main()
27
28         print()                          #输出空行
29     #如果双击运行程序，则插入以下代码后，可以看到屏幕输出结果
30         input("按回车键结束程序......")
```

程序运行结果与 Excel 中的中文编码的对比如图 11-1 所示。

图 11-1　例 11-1 程序运行结果与 Excel 中的中文编码的对比

10 行：定义变量 str，为其赋初值"计算机"。Windows 操作系统中采用了 Unicode 编码。

11 行：使用字符串对象的 encode()方法以指定的编码格式（这里使用了 UTF-8）编码字符串，结果保存到 str_utf8 变量中。

12 行：使用字符串对象的 encode()方法以指定的编码格式（这里使用了 GBK）编码字符串，结果保存到 str_gbk 变量中。

15 行：输出 str_utf8 变量的类型，变量类型是 bytes 对象，该对象是一个 0 到 256（包含 0，但不包含 256）中的整数不可变序列。

16 行：输出 str_gbk 变量的类型。

18 行：输出 str_utf8 变量，在程序运行结果中，"b"表示字节对象，"\x"表示十六进制。对照 Excel 中汉字"计算机"的编码，可以推断出 Excel 中汉字采用了 GBK 编码。

19 行：输出 str_gbk 变量。

21 行：decode()方法以指定的编码格式（这里使用了 UTF-8）解码 bytes 对象，该方法返回了解码后的字符串。

22 行：decode()方法以指定的编码格式（这里使用了 GBK）解码 bytes 对象，该方法返回了解码后的字符串。

例 11-2　常用的转义字符。

分析：当需要在字符串中使用特殊字符时，Python 用反斜杠（\）转义字符。这些特殊字符主要包括 ASCII 控制符和一些 Python 符号。

参考程序如下。

```
01   """
02      实验11_例2：常用的转义字符
03      **************************************************
04      文件名:exp11_2.py
05
06   """
07
08   #用户主函数
09   def main():
10
11      print("Hello\nWorld!")
12      print("Hello\rWorld!")
13      print("Hello \b\b\b World!")
14      print("\110\145\154\154\157\40\127\157\162\154\144\41")
15      print("\x48\x65\x6c\x6c\x6f\x20\x57\x6f\x72\x6c\x64\x21")
16      print(r"\x48\x65\x6c\x6c\x6f\x20\x57\x6f\x72\x6c\x64\x21")
17
18   #程序以模块方式运行时执行以下代码
19   if __name__ == '__main__':
20      main()
21
22      print()                          #输出空行
23      #如果双击运行程序，则插入以下代码后，可以看到屏幕输出结果
24      input("按回车键结束程序......")
```

程序运行结果如图 11-2 所示。

```
Hello
World!
World!
Hel World!
Hello World!
Hello World!
\x48\x65\x6c\x6c\x6f\x20\x57\x6f\x72\x6c\x64\x21

按回车键结束程序......
```

图 11-2　例 11-2 程序运行结果

11 行～13 行：\n 为换行符，表示"Hello"和"World!"分两行输出；\r 为回车符，表示"World!"覆盖前面输出的"Hello"，\b 为退格符，3 个退格符使"World!"向前移动了 3 个字符，覆盖了"lo"。

14 行：\yyy（即\110 等内容）是八进制数字，表示字符的编码。

15 行：\x 后是十六进制数字，表示字符的编码。

16 行：r/R 表示不进行转换，原样输出。

例 11-3 字符串的格式化。

分析：在字符界面的输入输出中，经常需要对字符串格式进行控制。Python 采用格式字符串（%）、format()函数、f-string 控制字符串格式。f-string 是 Python 3.6 之后的版本添加的，称之为字面量格式化字符串，是新的格式化字符串的方法，相对于使用前两种方法而言，这种方法使用起来更便捷。

参考程序如下。

```
01  """
02    实验 11_例 3：字符串的格式化
03    ************************************************************
04    文件名:exp11_3.py
05
06  """
07
08  #用户主函数
09  def main():
10
11      msglst = []
12      print('下面请输入纯数字'.center(40,'-'))
13      for i in range(1,4):
14          msglst.append(input(f'请输入第 {i} 条数据:'))
15
16      print('字符串型数据: %s' % msglst[0])
17      print('  整型数据: %d' % int(msglst[0]))
18      print(' 浮点型数据: %.3f' % float(msglst[0]))
19      print(' 八进制数据: %o' % int(msglst[0]))
20      print('十六进制数据: %x' % int(msglst[0]))
21
22      print(' 数据左对齐: {:<20}'.format(msglst[0]))
23      print('数据居中对齐: {:^20}'.format(msglst[0]))
24      print(' 数据左右齐: {:>20}'.format(msglst[0]))
25
26      print(f'填充*居中对齐: {msglst[0]:*^20}')
27
28  #程序以模块方式运行时执行以下代码
29  if __name__ == '__main__':
30      main()
31
32      print()                              #输出空行
33      #如果双击运行程序，则插入以下代码后，可以看到屏幕输出结果
```

```
34        input("按回车键结束程序......")
```

程序运行结果如图 11-3 所示。

```
----------------下面请输入纯数字----------------
请输入第 1 条数据:123
请输入第 2 条数据:234
请输入第 3 条数据:345
字符串型数据: 123
    整型数据: 123
  浮点型数据: 123.000
  八进制数据: 173
十六进制数据: 7b
  数据左对齐: 123
数据居中对齐:             123
  数据左右齐:                     123
填充*居中对齐: *********123*********

按回车键结束程序......
```

图 11-3　例 11-3 程序运行结果

12 行：center(40,'-')表示字符串宽度为 40 个字符，居中，两边以"-"填充。

14 行：在 input()函数的提示字符串中，i 变量随循环改变。

19 行和 20 行：%o 表示使用八进制格式，%x 表示使用十六进制格式。

22 行和 23 行：使用 format()函数格式化字符串。

例 11-4　字符串处理常用的方法。

分析：无论是键盘输入还是文件输入，获得的都是字符串。为了获得规范的输入数据，需要对字符串做进一步处理。例如，在输入用户名、密码时，要去掉首尾空格；在进行词频统计时，要对标点符号进行处理。

参考程序如下。

```
01    """
02    实验 11_例 4：字符串处理常用的方法
03    ********************************************
04    文件名:exp11_4.py
05
06    """
07
08    #用户主函数
09    def main():
10        import string
11        uid = input('请输入用户名: ')
12        passwd = input('请输入密码: ')
13
14        print(f'删除输入用户名的首尾空格: {uid.strip()}')
```

```
15        print(f'删除密码尾空格：{passwd.rstrip()}')
16        print(f'删除密码首空格：{passwd.lstrip()}')
17
18      s='''Moby-Dick has an unearned reputation for being, well,
19          dull. Melville's novel wasn't received well on publication
20          (it took decades before people really started to 'get' how
21          great it is), and the negative sentiment is echoed every
22          year when groaning students are forced to read it.
23          '''
24      for x in ".?:(),'":      #string.punctuation:
25          s = s.replace(x,' ')
26      print(s)
27      s = ' '.join(s.split())
28      print(s)
29  #程序以模块方式运行时执行以下代码
30  if __name__ == '__main__':
31      main()
32
33      print()                              #输出空行
34      #如果双击运行程序，则插入以下代码后，可以看到屏幕输出结果
35      input("按回车键结束程序......")
```

程序运行结果如图 11-4 所示。

```
请输入用户名:   tom
请输入密码:   2345
删除输入用户名的首尾空格:tom
删除密码尾空格:   2345
删除密码首空格:2345
Moby-Dick has an unearned reputation for being  well
        dull  Melville's novel wasn't received well on publication
         it took decades before people really started to  get  how
        great it is  and the negative sentiment is echoed every year
        when groaning students are forced to read it

Moby-Dick has an unearned reputation for being well dull Melville's novel wasn't received well on publ
ication it took decades before people really started to get how great it is and the negative sentiment
is echoed every year when groaning students are forced to read it

按回车键结束程序......
```

图 11-4　例 11-4 程序运行结果

14 行～16 行：strip()、rstrip()、lstrip()等是一组删除字符串中首、尾空格的函数。

24 行和 25 行：删除指定的字符。string.punctuation 用于返回 ASCII 的标点符号。

27 行：split()函数用白字符（空格、\n、\t、\r 等不可显示的字符）分隔字符串。

例 11-5　使用正则表达式从下面 3 段文字中提取作/译者及书名信息，并将信息存储到字典中，作/译者姓名作为键值，书名列表作为字典的值。

袁国忠：自由译者；2000 年起专事翻译，主译图书，偶译新闻稿、软文；出版译著 40 余部，其中包括《C++ Prime Plus 中文版》《CCNA 学习指南》《CCNP ROUTE 学习指南》《面向模式的软件架构：模式系统》《Android 应用 UI 设计模式》《风投的选择：谁是下一个十亿美元级公司》等，总计 700 余万字；专事翻译前，从事过 3 年化工产品分析和开发，做过两年杂志和图书编辑。

欧阳燊：CSDN 博客专家，有 14 年以上软件开发经验，熟悉 C/C++、Java 及相关软件架构，4 年以上 Android 开发经验，对 Android 开发拥有丰富的实战经验；已出版畅销书《Android Studio 开发实战：从零基础到 App 上线》《Kotlin 从零到精通 Android 开发》。

安辉：目前就职于上海翼成信息视频部，负责 Android 平台，工作之余喜欢写技术文章，是 CSDN 博客专家，文章技术含量高，单篇文章上万阅读量，深受广大开发者喜爱；已出版畅销书《Android App 开发从入门到精通》。

分析：当需要从文本中提取信息时，可以使用字符串进行查找，但这种方法不够灵活、效率不高，还要编写大量代码。正则表达式是一个特殊的字符序列，基于模式匹配方式，从文本中提取符合特征的信息。Python 1.5 中开始增加了 re 模块，它提供 Perl 风格的正则表达式模式。

参考程序如下。

```
01    """
02        实验 11_例 5：使用正则表达式提取作/译者姓名和书名信息
03        **************************************************
04        文件名：exp11_5.py
05
06    """
07
08    #用户主函数
09    def main():
10        import re
11        import string
12
13        bookinfo = {}
14        bookmsg = [
15            '袁国忠：自由译者；2000 年起专事翻译，主译图书，偶译新闻稿、软文；出
版译著 40 余部，其中包括《C++ Prime Plus 中文版》《CCNA 学习指南》《CCNP ROUTE 学习指南》
《面向模式的软件架构：模式系统》《Android 应用 UI 设计模式》《风投的选择：谁是下一个十亿美
元级公司》等，总计 700 余万字；专事翻译前，从事过 3 年化工产品分析和开发，做过两年杂志和图
书编辑。',
16            '欧阳燊：CSDN 博客专家，有 14 年以上软件开发经验，熟悉 C/C++、Java
及相关软件架构，4 年以上 Android 开发经验，对 Android 开发拥有丰富的实战经验；已出版畅销
书《Android Studio 开发实战：从零基础到 App 上线》《Kotlin 从零到精通 Android 开发》。',
```

```
17            '安辉：目前就职于上海翼成信息视频部，负责 Android 平台，工作之余喜欢
写技术文章，是 CSDN 博客专家，文章技术含量高，单篇文章上万阅读量，深受广大开发者喜爱；已
出版畅销书《Android App 开发从入门到精通》。'
18        ]
19    pattern_author = re.compile(r'.+?：')
20    pattern_books = re.compile(r'《.+?》')
21    for s in bookmsg:
22        for x in string.whitespace:
23            s = s.replace(x,' ')
24        #print(s)
25        #print(pattern_author.match(s).group(0)[:-1])
26        #print(pattern_books.findall(s))
27        bookinfo[pattern_author.match(s).group(0)[:-1]] = pattern_
books.findall(s)
28    for k,v in bookinfo.items():
29        print(f'作/译者为{k}，作品为{",".join(v)}')
30
31 #程序以模块方式运行时执行以下代码
32 if __name__ == '__main__':
33    main()
34
35    print()                          #输出空行
36    #如果双击运行程序，则插入以下代码后，可以看到屏幕输出结果
37    input("按回车键结束程序......")
```

程序运行结果如图 11-5 所示。

```
作/译者为袁国忠，作品为《C++ Prime Plus中文版》，《CCNA学习指南》，《CCNP ROUTE学习指南》，《面向模式的软件架构：模式系统》，
《Android应用UI设计模式》，《风投的选择：谁是下一个十亿美元级公司》
作/译者为欧阳燊，作品为《Android Studio开发实战：从零基础到App上线》，《Kotlin从零到精通Android开发》
作/译者为安辉，作品为《Android App开发从入门到精通》

按回车键结束程序......
```

图 11-5　例 11-5 程序运行结果

10 行：导入 re 模块，re 模块使 Python 语言拥有全部的正则表达式功能。

11 行：导入 string 模块，string 模块主要包含关于字符串的处理函数。

14 行：bookmsg 列表，即作/译者及作品简介。

19 行：compile()函数用于编译正则表达式，生成一个正则表达式（pattern）对象，供 match()、findall()等函数使用。正则表达式 "r'.+?：'" 用于匹配作/译者信息。

20 行：正则表达式 "r'《.+?》'" 用于匹配书名信息。

27 行：产生一个以作/译者姓名为键，书名列表为值的字典元素。pattern_author.match(s).group(0)[:-1]用于返回作/译者姓名；pattern_books.findall(s)用于返回书名

列表。

28 行：k 是作/译者姓名（字典的键值），v 是作品（书名列表），items()方法返回的是字典的键值对元组。

29 行：输出作/译者、作品。作品是书名列表，使用 join()函数拼接列表元素。

三、实验内容

1. 选择题

（1）关于 Python 字符编码，以下选项中描述错误的是（　　）。

    A．chr(x)和 ord(x)函数用于在单字符及 Unicode 编码值之间进行转换

    B．print(chr(65))输出 A

    C．print(ord('a'))输出 97

    D．Python 字符编码使用 ASCII 编码

（2）已知字符串 s='I am Tommy'，则使用（　　）方法能从 s 中提取所有单词。

    A．split   B．insert   C．join   D．index

（3）已知字符串 s='I can see green.'，则要改变 s 的值，去除其中的英文句号'.'时，可使用的语句是（　　）。

    A．s.replace('','.')   B．s.replace('.','')

    C．s=s.replace('.','')   D．s=s.replace('','.')

（4）以下代码的输出结果是（　　）。

```
str1 = "Welcome to Python"
str2 = "Python"
print (str1.find(str2))
```

    A．10   B．11   C．12   D．-1

（5）以下程序的输出结果是（　　）。

```
s1 = "QQ"
s2 = "Wechat"
print("{:*<10}{:=>10}".format(s1,s2))
```

    A．********QQWechat====   B．QQWechat

    C．*QQ Wechat====   D．QQ********====Wechat

（6）设 strx = 'python'，要使字符串的第一个字母改为大写，其他字母不变，则正确的语句是（　　）。

    A．print(strx[0].upper()+strx[1:])   B．print(strx[1].upper()+strx[-1:1])

    C．print(strx[0].upper()+strx[1:-1])   D．print(strx[1].upper()+strx[2:])

（7）字符串 s = "I love Python"，以下程序的输出结果是（　　）。

```
s = "I love Python"
ls = s.split()
```

```
ls.reverse()
print(ls)
```

    A．'Python', 'love', 'I'　　　　　　　　B．Python love I

    C．None　　　　　　　　D．['Python', 'love', 'I']

（8）以下程序的输出结果是（　　　）。

```
print('{:*^10.4}'.format('Flower'))
```

    A．***Flow***　　　　B．Flower　　　　C．****Flow　　　　D．Flow****

（9）表达式 print("{:.2f}".format(20-2**3+10/3**2*5))的结果是（　　　）。

    A．17.55　　　　B．67.56　　　　C．17.56　　　　D．12.22

（10）同时去掉字符串左边和右边空格的函数是（　　　）。

    A．center()　　　　B．count()　　　　C．fomat()　　　　D．strip()

（11）若 strx="Python 语言程序设计"，则表达式 strx.isnumeric()的结果是（　　　）。

    A．True　　　　B．1　　　　C．False　　　　D．0

（12）关于 Python 的 re 模块，以下选项描述错误的是（　　　）。

    A．re.findall()方法用于在字符串中找到正则表达式所匹配的所有子字符串，并返回一个列表

    B．re.search()方法用于扫描整个字符串并返回第一个匹配成功的子字符串

    C．re.match()方法用于从字符串的起始位置找到正则表达式所匹配的所有子字符串

    D．re.sub()方法用于替换字符串中的匹配项

（13）当需要在字符串中使用特殊字符时，Python 使用（　　　）作为转义字符。

    A．\　　　　B．/　　　　C．#　　　　D．%

（14）以下关于字符串类型操作的描述错误的是（　　　）。

    A．str.replace(x,y)方法可把字符串 str 中所有的 x 子字符串都替换成 y

    B．想使一个字符串 str 中的所有字符都大写，可使用 str.upper()函数

    C．想获取字符串 str 的长度，可使用字符串处理函数 str.len()

    D．设 x = 'aa'，则执行 x*3 的结果是'aaaaaa'

（15）s = " Python"，能够显示输出 "Python" 的选项是（　　　）。

    A．print(s[0:-1])　　　　　　　　B．print(s[-1:0])

    C．print(s[:6])　　　　　　　　D．print(s[:])

（16）以下表达式是十六进制整数的是（　　　）。

    A．0b16　　　　B．'0x61'　　　　C．1010　　　　D．0x3F

（17）s = "the sky is blue"，表达式 print(s[-4:], s[:-4])的结果是（　　　）。

    A．the sky is blue　　　　　　　　B．blue is sky the

    C．sky is blue the　　　　　　　　D．blue the sky is

（18）当从键盘输入 3 时，以下程序的输出结果是（　　　）。

```
r = input("请输入半径: ")
```

```
ar = 3.1415 * r * r
print("{:.0f}".format(ar))
```

A. 28 B. 28.27 C. 29 D. Type Error

（19）以下程序的输出结果是（　　）。

```
astr = '0\t'
bstr = 'A\ta'
print("{}{}".format(astr,bstr))
```

A. 0\tA\ta B. 0tAta C. 0A a D. 0 A a

（20）以下选项中，属于 Python 语言中合法的二进制整数的是（　　）。

A. 0B1010 B. 0B1019 C. 0bC3F D. 0b1708

2. 读程序题

（1）以下程序的输出结果是_____。

```
def f(m):
    s=str(m)
    if s==s[::-1]:
        return True
    else:
        return False
print(f(12345))
```

（2）以下程序的输出结果是_____。

```
str1 = "Python example....wow!!!"
str2 = "exam";
print(str1.find(str2, 5))
```

（3）以下程序的输出结果是_____。

```
lst1=['a','b','c','d','e']
lst2=[i.upper()+'1' for i in lst1]
print(lst2[2])
```

（4）以下程序的输出结果是_____。

```
lst1=['abc','def','Xy','uc','1234']
lst2=[i for i in lst1 if i>'Xy']
print(lst2)
```

3. 填空题

（1）使用 print 输出时，使用 format()函数使 pi 保留两位小数，且宽度为 8 位，右对齐，多余的空位以 "=" 填充，请填空。

```
pi = 3.1415926
print(_____)
```

（2）统计英文句子中大写英文字母、小写英文字母和其他字符的个数，请填空。

```
sentence=input("Please input a sentence")
uc=0
_____
ot=0
for item in _____:
    if _____:
        uc+=1
    elif _____:
        lc+=1
    _____:
        ot+=1
```

（3）输入一段英文，统计其中包含的字符并使其升序排列，请填空。

```
s = input("请输入一段英文：")
s = s.lower()
lst = _____
for c in s:
    if c.isalpha():
        if c not in lst:
            lst._____
lst._____
print(lst)
```

4. 编程题

（1）输入一个英文字符串，输出它的 UTF-8 编码和 GBK 编码。

（2）设计一个五言绝句输出的格式模板（子程序），五言绝句按照题名，作者，第 1、2、3、4 句的顺序放入列表变量中，并使用模板格式输出。

（3）编写程序，从下面的文本中提取学生姓名和计算机成绩。把信息存到字典中，学生姓名作为键值，成绩作为字典的值。

文本信息如下。

戴青：政治成绩为 82，物理成绩为 65，计算机成绩为 77，英语成绩为 80。

李丽：物理成绩为 46，计算机成绩为 60，英语成绩为 72。

（4）编写一个检查密码强度的子程序，要求使用正则表达式检查密码，若符合要求，则返回 True；若不符合要求，则返回 False。密码强度要求：长度不少于 8 个字符，同时包含英文大小写字符，并且至少有一位数字。

四、问题讨论

（1）Unicode 和 UTF-8 有什么区别？

（2）正则表达式比较适用于处理哪些工作？

（3）在 Python 中使用正则表达式的一般步骤有哪些？

实验 12　程序异常处理

一、实验目的

（1）理解程序异常的概念。
（2）掌握程序异常的处理方法。
（3）了解断言与上下文管理语句。

二、范例分析

例 12-1　输入三角形的 3 条边长，计算三角形的周长、面积。要求对输入的数据采用异常处理。

分析：算法已在实验 3 中完成。当用户输入不规范（如输入的数据中带有非数字字符）时，就会导致程序出错、退出。Python 异常处理能够捕获这些错误，通过错误处理来保证程序的健壮性与容错性。

参考程序如下。

```python
01  #!/usr/bin/env python3
02  """
03    实验12_例1：输入三角形的3条边长，计算三角形的周长、面积，进行异常处理
04    **********************************************************
05    文件名:exp12_1.py
06
07  """
08  from math import *
09
10  try:
11      a = float(input("请输入三角形的边长a："))
12      b = float(input("请输入三角形的边长b："))
13      c = float(input("请输入三角形的边长c："))
14  except ValueError:
15      print('输入数据错误！')
16  else:
17      if (a+b>c and b+c>a and a+c>b
18              and a>0 and b>0 and c>0):
19          p = (a+b+c)/2
20          S = sqrt(p * (p-a) * (p-b) * (p-c))
21          print("三角形的周长为：{:.3f}".format(2 * p))
22          print("三角形的面积为：{:.3f}".format(S))
```

```
23      else:
24          print("输入的三边无法构成三角形!")
25
26  print()                          #输出空行
27  #如果双击运行程序，则插入以下代码后，可以看到屏幕输出结果
28  input("按回车键结束程序......")
```

程序运行结果如图 12-1 所示。

```
请输入三角形的边长a: 3
请输入三角形的边长b: 4
请输入三角形的边长c: 55..
输入数据错误!

按回车键结束程序......
```

图 12-1　例 12-1 程序运行结果

10 行：try…except…else 构成 Python 的异常处理。异常处理就像给程序加了一层保护壳，可能发生错误的代码封闭在 try 语句块中，当有异常发生时，程序从 try 语句块跳转到 except 语句块并执行异常处理代码，如果一切正常，则执行完 try 语句块后继续执行 else 语句块。

14 行：如果异常与 except 后面的异常类型匹配，则执行其后的处理代码。引发 "ValueError" 的原因是传入了无效的参数。因为在输入边长 c 时，float()函数要求参数可以被转换为浮点数，而 "55.." 不能转换为浮点数。

26 行：无论有无异常，都会执行到 26 行。如果没有进行异常处理，则发生异常时，程序可能会因意外结束。

例 12-2　输入三角形的 3 条边长，计算三角形的周长、面积。要求对计算过程采用异常处理。

分析：因为在开方（使用 sqrt()函数）时，如果参数小于零，则会引起程序异常，所以在程序中加入了限定条件（两边之和大于第三边）。如果不做限定，则可以通过使用异常处理进行补救。

```
01  #!/usr/bin/env python3
02  """
03    实验 12_例 2：输入三角形的 3 条边长，计算三角形的周长、面积，进行异常处理
04    ******************************************************
05    文件名:exp12_2.py
06
07  """
08  from math import *
09
10  try:
```

```
11      a = float(input("请输入三角形的边长 a: "))
12      b = float(input("请输入三角形的边长 b: "))
13      c = float(input("请输入三角形的边长 c: "))
14  except ValueError:
15      print('输入数据错误！')
16  else:
17      try:
18          p = (a+b+c)/2
19          S = sqrt(p * (p-a) * (p-b) * (p-c))
20      except ValueError:
21          print("输入的三边无法构成三角形!")
22      else:
23          print("三角形的周长为: {:.3f}".format(2 * p))
24          print("三角形的面积为: {:.3f}".format(S))
25
26  print()                              #输出空行
27  #如果双击运行程序，则插入以下代码后，可以看到屏幕输出结果
28  input("按回车键结束程序......")
```

程序运行结果如图 12-2 所示。

```
请输入三角形的边长a: 3
请输入三角形的边长b: 4
请输入三角形的边长c: 55
输入的三边无法构成三角形!

按回车键结束程序......
```

图 12-2　例 12-2 程序运行结果

通过异常代替边长检查不是一个好习惯。如果错误发生的条件是可预知的，则需要用 if 语句进行处理，以在错误发生之前进行预防；如果错误发生的条件是不可预知的，则需要用到 try…except，以在错误发生之后进行处理。（在本例中，a=b=c=0 这种情况没有检测出来。）

例 12-3　输入三角形的 3 条边长，计算三角形的周长、面积。要求程序跳过异常部分继续运行。

分析：在前面的两个例子中，输入或计算发生异常后，程序直接跳出，没有完成计算工作。为了保证程序的健壮性与容错性，即使程序遇到错误也不会崩溃，可以通过检测来主动触发异常。

参考程序如下。

```
01  #!/usr/bin/env python3
02  """
03      实验 12_例 3：输入三角形的 3 条边长，计算三角形的周长、面积，要求跳过异常部
```

分继续运行

```
04    ************************************************
05    文件名:exp12_3.py
06
07    """
08    from math import *
09
10    lst = []
11    i = 1
12    while True:
13        try:
14            if i <=3 :
15                a = float(input(f"请输入三角形第{i}条边长: "))
16            else:
17                if (lst[0]+lst[1]>lst[2] and lst[1]+lst[2]>lst[0]
                        and lst[2]+lst[0]>lst[1]
18                        and lst[0]>0 and lst[1]>0 and lst[2]>0):
19                    break
20                else:
21                    raise UserWarning
22        except ValueError:
23            print('输入数据错误! ')
24        except UserWarning:
25            print("输入的三边无法构成三角形!请重新输入一组边长!!!")
26            i = 1;
27            lst = []
28        else:
29            lst.append(a)
30            i += 1
31
32  p = (lst[0]+lst[1]+lst[2])/2
33  S = sqrt(p * (p-lst[0]) * (p-lst[1]) * (p-lst[2]))
34  print("三角形的周长为: {:.3f}".format(2 * p))
35  print("三角形的面积为: {:.3f}".format(S))
36
37  print()                              #输出空行
38  #如果双击运行程序，则插入以下代码后，可以看到屏幕输出结果
39  input("按回车键结束程序......")
```

程序运行结果如图 12-3 所示。

```
请输入三角形第1条边长：3e
输入数据错误！
请输入三角形第1条边长：4
请输入三角形第2条边长：3
请输入三角形第3条边长：55
输入的三边无法构成三角形！请重新输入一组边长！！！
请输入三角形第1条边长：3
请输入三角形第2条边长：4
请输入三角形第3条边长：5
三角形的周长为：12.000
三角形的面积为：6.000

按回车键结束程序……
```

图 12-3　例 12-3 程序运行结果

10 行：定义空列表，用于保存边长数据。

11 行：为边长输入计数器 i 赋初值。

14 行：i≤3 时，继续输入下一条边长。

15 行：输入边长数据，如果数据格式出现错误，则程序跳转到 22 行进行异常处理，输出提示信息后，继续循环到 13 行。

17 行：如果完成了 3 次有效输入，则判断输入的数据能否构成三角形。

19 行：如果能构成三角形，则跳出 while 循环，执行 32 行的代码。

21 行：如果数据不能构成三角形，则主动触发异常 UserWarning（用户代码生成的警告），程序跳到 24 行。

24 行：处理用户代码异常，给出提示信息，为 i 变量重新赋初值，清空列表 lst。

28 行～30 行：如果没有异常，则将边长数据添加到列表 lst 中，边长输入计数器加 1。

例 12-4　输入三角形的 3 条边长，计算三角形的周长、面积。要求自定义异常类，处理程序异常。

分析：当 Python 提供的标准异常不能满足程序要求时，可以自定义异常类。

参考程序如下。

```
01  """
02  实验12_例4：输入三角形的 3 条边长，计算三角形的周长、面积，用户自定义异常
03  **************************************************
04  文件名:exp12_4.py
05
06  """
07  from math import *
08
09  class MyError(Exception):
10      """用户自定义异常
11      """
12
```

```python
13      def __init__(self, msg):
14          self.msg = msg
15
16      def __str__(self):
17          return self.msg
18
19  def isTriangle(a,b,c):
20      """
21      功能：判断 3 条边长能否组成三角形
22
23      参数：a、b、c 3 条边长
24      返回值：True/False
25      """
26      if (a+b>c and b+c>a and a+c>b
27              and a>0 and b>0 and c>0):
28          return True
29      else:
30          return False
31
32  lst = []
33  i = 1
34  while True:
35      try:
36          if i <=3 :
37              a = float(input(f"请输入三角形第{i}条边长："))
38          else:
39              if isTriangle(lst[0],lst[1],lst[2]):
40                  break
41              else:
42                  raise MyError('输入的三边无法构成三角形!请重新输入一组边
                        长!!!')
43      except ValueError:
44          print('输入数据错误！')
45      except MyError as e:
46          print(e)
47          i = 1;
48          lst = []
49      else:
50          lst.append(a)
51          i += 1
52
53  p = (lst[0]+lst[1]+lst[2])/2
```

```
54  S = sqrt(p * (p-lst[0]) * (p-lst[1]) * (p-lst[2]))
55  print("三角形的周长为：{:.3f}".format(2 * p))
56  print("三角形的面积为：{:.3f}".format(S))
57
58  print()                              #输出空行
59  #如果双击运行程序，则插入以下代码后，可以看到屏幕输出结果
60  input("按回车键结束程序......")
```

程序运行结果如图 12-4 所示。

```
请输入三角形第1条边长：3e
输入数据错误！
请输入三角形第1条边长：3
请输入三角形第2条边长：4
请输入三角形第3条边长：55..
输入数据错误！
请输入三角形第3条边长：55
输入的三边无法构成三角形！请重新输入一组边长！！！
请输入三角形第1条边长：3
请输入三角形第2条边长：4
请输入三角形第3条边长：5
三角形的周长为：12.000
三角形的面积为：6.000

按回车键结束程序......
```

图 12-4　例 12-4 程序运行结果

09 行～17 行：定义一个新的异常类，该异常类继承自 Exception 类，通过__str__方法返回异常信息。

19 行～30 行：把构成三角形的条件封装为函数，使程序的结构更清晰。

34 行～51 行：程序的输入部分。为了方便对每次输入的异常进行处理，把输入放到一个 while 循环中，3 条边长数据由列表存放。

42 行：触发自定义异常，程序跳转到 45 行。

45 行：处理自定义异常，创建 MyError 对象实例 e。

46 行：输出错误提示信息。

例 12-5　输入三角形的 3 条边长，计算三角形的周长、面积。要求使用断言调试程序。

分析：Python 中 assert 是较为常用的调试工具。在调试中，经常使用 assert 检查参数是否合法，不合法时会触发异常（AssertionError）。在正式交付的二进制版本的程序中，是不对 assert 进行编译的（不含 assert 代码），所以 assert 是程序员的工具而不是用户的工具。在计算三角形的面积时，使用 assert 检测 sqrt()函数的参数是否大于零。

参考程序如下。

```
01  """
```

```
02      实验12_例5：输入三角形的3条边长，计算三角形的周长、面积，使用assert调
试程序
03      *********************************************
04      文件名:exp12_5.py
05
06      """
07      from math import *
08
09      try:
10          a = float(input("请输入三角形的边长a："))
11          b = float(input("请输入三角形的边长b："))
12          c = float(input("请输入三角形的边长c："))
13      except ValueError:
14          print('输入数据错误！')
15      else:
16          p = (a+b+c)/2
17          assert p * (p-a) * (p-b) * (p-c) > 0, '边长数据错误，不能构成三
角形！'
18          S = sqrt(p * (p-a) * (p-b) * (p-c))
19          print("三角形的周长为：{:.3f}".format(2 * p))
20          print("三角形的面积为：{:.3f}".format(S))
21
22
23      print()                      #输出空行
24      #如果双击运行程序，则插入以下代码后，可以看到屏幕输出结果
25      input("按回车键结束程序......")
```

程序运行结果如图 12-5 所示。

```
请输入三角形的边长a: 3
请输入三角形的边长b: 4
请输入三角形的边长c: 55
Traceback (most recent call last):
  File "C:\Program Files\Thonny\lib\site-packages\thonny\backend.py", line 1213, in wrapper
    result = method(self, *args, **kwargs)
  File "C:\Program Files\Thonny\lib\site-packages\thonny\backend.py", line 1200, in wrapper
    return method(self, *args, **kwargs)
  File "C:\Program Files\Thonny\lib\site-packages\thonny\backend.py", line 1272, in _execute_prepared
_user_code
    exec(statements, global_vars)
  File "E:\MyFile\MyDocuments\教材\Python实验\代码\实验12\exp12_5.py", line 18, in <module>
    assert p * (p-a) * (p-b) * (p-c) > 0, '边长数据错误，不能构成三角形！'
AssertionError: 边长数据错误，不能构成三角形！
```

图 12-5　例 12-5 程序运行结果

17 行：检查参数，p * (p-a) * (p-b) * (p-c) > 0 表达式为 False 时，断言触发异常。这种情况是程序缺陷导致的，应该通过修改代码来避免，不应该使用 try…except 进行处理。

三、实验内容

1. 选择题

（1）关于程序的异常处理，以下选项描述错误的是（　　）。

    A．程序异常发生后，经过妥善处理可以继续运行

    B．异常语句可以与 else 和 finally 保留字配合使用

    C．编程语言中的异常和错误是完全相同的概念

    D．Python 通过 try、except 等保留字提供异常处理功能

（2）执行下列语句，程序会抛出的异常是（　　）。

```
x = 5
y = '6'
x = x + y
```

    A．TypeError   B．IOError   C．NameError   D．AttributeError

（3）对以下程序描述错误的是（　　）。

```
try:
    # 语句块 1
except IndexError as i:
    # 语句块 2
```

    A．该程序对异常进行处理了，因此一定不会终止程序

    B．该程序对异常进行处理了，不一定不会因异常引发终止

    C．执行语句块 1，如果抛出 IndexError 异常，则不会因为异常终止程序

    D．语句块 2 不一定会执行

（4）当用户输入 abc 时，以下代码的输出结果是（　　）。

```
def pow10(n):
    return n**10
try:
    n = int(input("请输入一个整数："))
    print(pow10(n))
except:
    print("程序运行错误")
```

    A．输出"abc"   B．程序没有任何输出

    C．输出"0"   D．输出"程序运行错误"

（5）以下选项中，Python 在异常处理结构中用来捕获特定类型异常的保留字是（　　）。

    A．except   B．do   C．pass   D．while

（6）如果 Python 程序运行时产生了 "unexpected indent" 错误，则其原因是（　　）。

A．代码中使用了错误的关键字

B．代码中缺少":"符号

C．代码中的语句嵌套层次太多

D．代码中出现了缩进不匹配的问题

（7）执行以下程序，输入"2*"，输出结果是（　　）。

```
la = 'Python'
try:
    s = eval(input('请输入整数: '))
    ls = s*la
    print(ls)
except:
    print('请输入整数')
```

A．la

B．请输入整数

C．PythonPython

D．Python

（8）以下程序的输出结果是（　　）。

```
s = 0
def fun(num):
    try:
        s += num
        return s
    except:
        return 0
    return 5
print(fun(2))
```

A．0

B．2

C．UnboundLocalError

D．5

（9）以下关于异常处理的描述，错误的是（　　）。

A．Python 通过 try、except 等保留字提供异常处理功能

B．ZeroDivisionError 是一个变量未命名错误

C．NameError 是一种异常类型

D．异常语句可以与 else 和 finally 语句配合使用

（10）以下不是 Python 关键字的选项是（　　）。

A．None　　　　B．as　　　　C．raise　　　　D．function

（11）用户输入整数时，不合规导致程序出错，为了不让程序因出现异常而中断，需要用到的语句是（　　）。

A．try…except 语句

B．eval 语句

C．循环语句

D．if 语句

（12）以下 Python 语句运行结果异常的是（　　）。

A. >>> PI , r = 3.14 , 4

B. >>> a = 1

>>> b = a = a + 1

C. >>> c

D. >>> x = True

>>> int(x)

（13）以下关于异常处理的描述正确的是（　　　）。

A. Python 中允许利用 raise 语句由程序主动引发异常

B. Python 中可以使用异常处理捕获程序中的所有错误

C. 调用一个不存在索引的列表元素会触发 NameError 错误

D. try 语句中有 except 子句就不能有 finally 子句

（14）以下 Python 关键字在异常处理结构中用来捕获特定类型异常的是（　　　）。

A. for　　　　　　B. except　　　　　　C. in　　　　　　D. lambda

2. 读程序题

（1）运行以下程序。

```python
try:
    num = eval(input("请输入一个列表:"))
    num.reverse()
    print(num)
except:
    print("输入的不是列表")
```

从键盘输入"1,2,3"，则输出的结果是_____。

（2）以下程序的输出结果是_____。

```python
s=''
try:
    for i in range(1, 10, 2):
        s.append(i)
except:
    print('error')
print(s)
```

3. 填空题

（1）以下程序的作用是使用户输入一个合法的整数，但是允许用户中断这个程序（按 Ctrl+C 组合键或者使用操作系统提供的方法），用户中断的信息会触发 KeyboardInterrupt 异常，请填空。

```python
while True:
```

```
try:
    x = int(input("请输入一个数字: "))
except _____:
    break
except _____:
    print("您输入的不是数字，请再次尝试输入！")
```

（2）以下程序用于在 x 大于 5 时触发异常，请填空。

```
x = int(input('x = '))
if x > 5:
    _____ Exception('x 不能大于 5。x 的值为: {}'.format(x))
```

（3）以下程序的作用是通过创建一个新的异常类来拥有自己的异常，在程序中触发自定义异常，请填空。

```
class MyError(Exception):
    def __init__(self, value=5):
        self.value = value
    def __str__(self):
        return repr(self.value)


try:
    raise _____
except MyError as e:
    print('My exception occurred, value:', e.value)
```

程序输出 "My exception occurred, value: 4"。

4. 编程题

（1）编写函数，计算 $f = 1/(x - y)$，要求在函数中进行异常处理。

（2）输入一个 1~12 的整数，输出对应的月份名称的英文缩写。例如，输入 3，输出 Mar。要求对输入进行异常处理，如果输入的字符不能转换为 1~12 的整数，则触发异常并重新输入字符。

（3）计算用户输入的非负数字序列中的最小值、最大值和平均值。用户输入-1 时表示序列终止。要求加入异常处理，如输入-1 时输出 "没有数据！"。

四、问题讨论

（1）断言与异常在使用上有什么区别？

（2）Python 中的错误和异常有什么区别？

实验 13 文 件 处 理

一、实验目的

（1）了解文件的分类及文件路径。
（2）掌握文件的打开模式。
（3）掌握文本文件的读/写方法。
（4）掌握 CSV 文件的读/写方法。
（5）掌握二进制文件的读/写方法。

二、范例分析

例 13-1 文本文件 szys.txt 中存放了若干行四则运算式，内容如图 13-1 所示。

```
1  35+27CRLF
2  46-23CRLF
3  32*3CRLF
4  21/12
```

图 13-1 文本文件 szys.txt 中的内容

该文件一共有 4 行，其中 CR LF 是 ASCII 的控制符"回车""换行"，这两个符号是 Windows 操作系统文本文件每行的结束标志，一般文本编辑器不显示，这也是所谓的"白字符"。要求读出该文件的内容，计算结果并把结果写入文件 szys_out.txt 中。

分析：文件操作一般为 3 步，打开、读/写、关闭。这里要先从文本文件读出四则运算式，再求值（eval()函数），最后把结果写到文件中。文件对象的 read()方法默认读出文件的全部内容，即将 4 行内容全部读到一个字符串中，再使用 split('\n')将这 4 行内容拆开。

参考程序如下。

```
01  """
02  实验13_例1：计算四则运算式
03  ************************************************
04  文件名:exp13_1.py
05
06  """
07
08  def main():
09      file = open('szys.txt', 'r', encoding='utf-8')
10      s = file.read()
11      file.close()
```

```
12
13      line = s.split('\n')
14      for i in range(len(line)):
15          line[i] = line[i] + ' = ' + str(eval(line[i]))
16
17      file = open('szys_out.txt', 'w', encoding='utf-8')
18      file.write('\n'.join(line))
19      file.close()
20
21  #程序以模块方式运行时执行以下代码
22  if __name__ == '__main__':
23      main()
24      print()                         #输出空行
25      #如果双击运行程序，则插入以下代码后，可以看到屏幕输出结果
26      input("按回车键结束程序......")
```

程序运行结果（sjzy_out.txt 文件内容）如图 13-2 所示。

```
1    35+27 = 62CRLF
2    46-23 = 23CRLF
3    32*3 = 96CRLF
4    21/12 = 1.75
```

图 13-2   例 13-1 程序运行结果

09 行：open()函数用于打开文件，返回文件对象。szys.txt 为文件路径，如果只有文件名，则该文件和程序文件在同一个文件夹中。encoding='utf-8'表示 Python 文件编码默认使用 UTF-8。

10 行：读文件内容到字符串变量中。

11 行：关闭文件。

15 行：字符串拼接四则运算式结果，并将结果存入原列表。

17 行：以写（'w'）方式打开文件。

18 行：join()函数使用'\n'拼接四则运算式列表，并将其写入文件。

例 13-2 sjzy2_out.txt 文件的内容如图 13-3 所示。要求按行读入该文件，并进行异常处理。

```
1    35+27CRLF
2    46-23CRLF
3    32*3CRLF
4    21/0CRLF
5
```

图 13-3   sjzy2_out.txt 文件的内容

分析：在操作文件时，文件路径错误、文件访问冲突是经常遇到的问题，需要在编

程时考虑异常处理。在处理文件数据时，也会有异常情况，如做除法时，分母为零。

参考程序如下。

```
01  """
02      实验 13_例 2：计算四则运算式，进行异常处理
03      ***********************************************************
04      文件名:exp13_2.py
05
06  """
07
08  def main():
09      with open('szys2.txt', 'r', encoding='utf-8') as file:
10          lines = file.readlines()
11
12      for i in range(len(lines)):
13          try:
14              lines[i] = f'{lines[i].strip()} = {eval(lines[i])}\n'
15          except Exception as e:
16              print(e)
17              pass
18
19      with open('szys2_out.txt', 'w', encoding='utf-8') as file:
20          file.writelines(lines)
21
22  #程序以模块方式运行时执行以下代码
23  if __name__ == '__main__':
24      main()
25      print()                              #输出空行
26      #如果双击运行程序，则插入以下代码后，可以看到屏幕输出结果
27      input("按回车键结束程序......")
```

程序运行结果（sjzy2_out.txt 文件内容及屏幕输出，如图 13-4 所示。

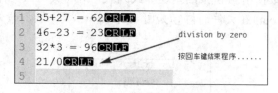

图 13-4　例 13-2 程序运行结果

09 行：使用 with open 打开文件，在 with 块中读写文件后，不需要再调用 close() 方法关闭文件，由 with 块自动关闭文件即可。如果使用 open() 函数打开文件，则当操作文件异常时，往往文件的 close() 方法没有执行程序就退出了，文件对象占用的操作系统的资源不会释放。

10 行：file.readlines()用于读取文本文件所有行（直到结束符 EOF）并返回列表。

13 行～17 行：计算并处理计算中的异常。

14 行：lines[i].strip()用于删除行尾的回车换行符（CRLF）。eval(lines[i])用于计算四则运算式的值。末尾加上回车换行符（"\n"）。

15 行：捕获异常。

16 行：输出异常信息。

20 行：把列表写入文件。

例 13-3　有成绩单如图 13-5 所示，每行数据都是一名学生的成绩，要求把数据存入字典变量，学生姓名作为键，成绩有 5 列，用元组存放，作为字典值。（使用例 7-3 的前期数据处理，并输入姓名、科目来查询考试成绩。）

	A	B	C	D	E	F
1	姓名	高数	计算机	思想品德	体育	英语
2	王丽	84	71	76	65	83
3	陈强	92	82	85	81	86
4	张晓晓	78	80	93	81	79
5	刘磊	79	80	91	80	88
6	冯燕	82	87	89	72	72

```
1 姓名,高数,计算机,思想品德,体育,英语CRLF
2 王丽,84,71,76,65,83CRLF
3 陈强,92,82,85,81,86CRLF
4 张晓晓,78,80,93,81,79CRLF
5 刘磊,79,80,91,80,88CRLF
6 冯燕,82,87,89,72,72CRLF
7
```

图 13-5　数据文件内容

分析：原数据保存在 Excel 文件中，Python 无法直接读取 Excel 文件。可以把 Excel 表格另存为 CSV 格式的文件。CSV 格式文件是一个文本文件，数据以逗号分隔，如图 13-5 所示。处理数据时，第一行字段名保存到 dic_col 字典中，其余数据保存到 dic_score 字典中。

方法 1：按文本文件读取数据。

参考程序如下。

```python
01  """
02      实验13_例3：从文件读入数据，输入姓名、科目，查询考试成绩
03      ***********************************************
04      文件名:exp13_3.py
05
06  """
07
08  path = './'              #定义文件路径
09  def main():
10
11      dic_col = {}
12      dic_score = {}
13      with open(path + 'XsjdI.csv', 'r', encoding='gbk') as file:
14          lines = file.readlines()
15
```

```
16      # 姓名 高数 计算机 思想品德 体育 英语
17      #dic_col = {'姓名':-1, '高数':0, '计算机':1, '思想品德':2, '体育
':3, '英语':4}
18      col = lines[0].strip().split(',')
19      for i in range(0,len(col)):
20          dic_col[col[i]] = i-1
21      #dic_score = {'王丽':(84,71,76,65,83),'陈强':(92,82,85,81,86),
22      #            '张晓晓':(78,80,93,81,79),'刘磊':(79,80,91,80,88),
23      #            '冯燕':(82,87,89,72,72)}
24      for s in lines[1:]:
25          try:
26              lst = s.strip().split(',')
27              dic_score[lst[0]] = tuple(map(int,lst[1:]))
28          except Exception as e:
29              print(e)
30              pass
31      #输出原始数据
32      print('\t'.join(dic_col.keys()))        #输出表头
33      for k,v in dic_score.items():           #输出数据
34          print(k,end='\t')                   #输出姓名
35          print('\t'.join(map(str,v)))        #输出成绩
36      print()
37
38      username = input('请输入姓名: ').strip()
39      colname = input('请输入科目: ').strip()
40
41      score = dic_score[username][dic_col[colname]]
42
43      print('-' * 40)
44      print(f'{username} 的 {colname} 成绩: {score} 分')
45
46  #程序以模块方式运行时执行以下代码
47  if __name__ == '__main__':
48      main()
49
50      print()                              #输出空行
51      #如果双击运行程序，则插入以下代码后，可以看到屏幕输出结果
52      input("按回车键结束程序......")
```

程序运行结果如图 13-6 所示。

图 13-6 例 13-3 程序运行结果

08 行：全局变量 path 用于存放文件的路径。如果访问同一文件夹中的多个文件，则 path 可设为文件夹的路径。这里的 "./" 代表当前路径。

13 行：path + 'XsjdI.csv'表示文件的完整路径。encoding='gbk'表示 Excel 文件编码格式，只有文件编码格式设置正确后才能读写文件。

14 行：按行读取文件，数据保存到 lines 列表中。

18 行：lines[0]是文件的第一行字段名，以逗号分隔。split()函数以逗号把字符串分隔成列表 col。

20 行：使用列表 col 作为 dic_col 字典的键值。

24 行：lines[1:]表示不含字段名的剩余数据。

26 行：把从文件读回的每行数据以逗号分隔为列表 lst。

27 行：使用 lst[0]作为 dic_score 字典的键值，把其余的数据（lst[1:]）使用 map() 函数转换为整型数据后，再使用 tuple()函数转换为元组，作为字典的值。

经过上面的处理，得到了和例 7-3 一样的两个字典，这里不再赘述。

方法 2：Python 的内部模块 CSV 专门用于处理 CSV 文件的读写，简化了 CSV 文件操作。

参考程序如下。

```
01  """
02     实验 13_例 3：从文件读入数据，输入姓名、科目，查询考试成绩
03     ************************************************
04     文件名:exp13_3.py
05
06  """
07  import csv
08
09  path = './'              #定义文件路径
10  def main():
11
```

```
12        dic_col = {}
13        dic_score = {}
14        with open(path + 'XsjdI.csv', 'r', encoding='gbk') as file:
15            lines=list(csv.reader(file))
16
17        # 姓名 高数 计算机 思想品德 体育 英语
18        #dic_col = {'姓名':-1, '高数':0, '计算机':1, '思想品德':2, '体育':3, '英语':4}
19        for i in range(0,len(lines[0])):
20            dic_col[lines[0][i]] = i-1
21        #dic_score = {'王丽':(84,71,76,65,83),'陈强':(92,82,85,81,86),
22        #            '张晓晓':(78,80,93,81,79),'刘磊':(79,80,91,80,88),
23        #            '冯燕':(82,87,89,72,72)}
24        for lst in lines[1:]:
25            try:
26                dic_score[lst[0]] = tuple(map(int,lst[1:]))
27            except Exception as e:
28                print(e)
29                pass
30        （以下代码略）
```

07 行：导入 csv 模块。

15 行：csv.reader()函数用于读文件，返回一个迭代器，使用 list()函数将其转换为列表。该列表的元素是一个子列表。csv 模块读取数据时已经根据逗号（默认分隔符）把数据隔开，不需要使用 split()函数再进行处理。

例 13-4 编写程序，实现复制图片文件功能。

分析：图片文件是二进制文件，复制文件时先要从源文件读数据，再将其写入新的文件。

参考程序如下。

```
01    """
02    实验 13_例 4：读写二进制文件
03    ********************************************************
04    文件名:exp13_4.py
05
06    """
07
08    path = './'                #定义文件路径
09    def main():
10
11        try:
12            with open(path + 'Python3.png', 'rb') as file1:
```

```
13              data = file1.read()
14              print(type(data))  # <class 'bytes'>
15          with open(path + 'P3.png', 'wb') as file2:
16              file2.write(data)
17      except FileNotFoundError as e:
18          print('指定的文件无法打开.')
19      except IOError as e:
20          print('读写文件时出现错误.')
21      print('程序运行结束.')
22
23  #程序以模块方式运行时执行以下代码
24  if __name__ == '__main__':
25      main()
26
27  print()                           #输出空行
28  #如果双击运行程序，则插入以下代码后，可以看到屏幕输出结果
29  input("按回车键结束程序......")
```

12 行：'rb'参数表示以二进制读方式打开文件 Python3.png。

13 行：从文件中读出全部数据，data 的类型为字节。

15 行：'wb'参数表示以二进制写方式打开文件 P3.png。

16 行：将 data 数据写入文件。

例 13-5 以二进制方式操作文本文件。要求把 XsjdI.csv 文件复制到 XsjdI.txt 中，并读出前 4 字节，把第 1 个逗号 (,) 改为竖线符 (|)。

分析：以二进制方式可以打开任意类型的文件。将 XsjdI.csv 文件使用 WinHex 打开，文件内容（十六进制）如图 13-7 所示。

图 13-7 XsjdI.csv 文件的内容

其前 4 字节是学生姓名的 GBK 编码（D0 D5 C3 FB），第 1 个逗号（"姓名"后的逗号）的 ASCII 值为 2C。

参考程序如下。

```
01  """
02      实验13_例5：以二进制方式读文件
```

```
03      *******************************************
04      文件名:exp13_5.py
05
06      """
07
08      path = './'                    #定义文件路径
09      def main():
10          with open(path + 'XsjdI.csv', 'rb') as file:
11              dat = file.read()
12          s = dat.decode(encoding='gbk')
13          print(s)
14          with open(path + 'XsjdI.txt', 'wb') as file:
15              file.write(dat)
16          with open(path + 'XsjdI.txt', 'rb+') as file:
17              dat = file.read(4)
18              s = dat.decode(encoding='gbk')
19              print(s)
20              file.seek(4)
21              file.write(b'|')
22
23      #程序以模块方式运行时执行以下代码
24      if __name__ == '__main__':
25          main()
26          print()                          #输出空行
27          #如果双击运行程序,则插入以下代码后,可以看到屏幕输出结果
28          input("按回车键结束程序......")
```

程序运行结果如图 13-8 所示。

图 13-8　例 13-5 程序运行结果

12 行：dat 是从二进制文件读出的字节对象，decode(encoding='gbk')表示使用 GBK 编码对 dat 进行解码，还原成字符串后将其赋值给 s 变量。

13 行：输出 s，输出了整个文件的内容。

15 行：将 dat 写入 XsjdI.txt 文件，完成复制。

16 行：以 rb+（读写）方式再次打开 XsjdI.txt 文件。

17 行：从文件中读出 4 字节数据到 dat 中。

18 行：对 dat 使用 GBK 进行解码，每个汉字占 2 字节，解码出"姓名"两个字。

19 行：输出"姓名"。

20 行：seek()方法用于移动文件读写指针到指定位置（从 0 开始）。这里将读写指针移动到位置 4（第一个逗号处）。

21 行：写入二进制字符"|"（即 b'|'）。

三、实验内容

1. 选择题

（1）Python 文件读取方法 read(size)的含义是（　　　）。

    A．size 是必选参数，size 是缓冲区大小

    B．从文件中读取 size 字节数据

    C．从文件中读取 size 行数据

    D．从文件中读取指定 size 大小的数据，如果 size 为负数或者空，则读取到文件结束

（2）以下选项中，用于在 Python 中文件定位的操作方法是（　　　）。

    A．writelines()　　　B．write()　　　C．seek()　　　D．open()

（3）以下选项中，不是 Python 对文件的打开模式的是（　　　）。

    A．'w'　　　B．'+'　　　C．'c'　　　D．'r'

（4）以下关于 Python 文件打开模式的描述错误的是（　　　）。

    A．覆盖写模式 w　　　　　　B．追加写模式 a

    C．创建写模式 n　　　　　　D．只读模式 r

（5）以下关于 CSV 文件的描述错误的是（　　　）。

    A．整个 CSV 文件是一个二维数据

    B．CSV 文件格式是一种通用的、相对简单的文件格式，应用于程序之间交换表格数据

    C．CSV 文件的每一行是一维数据，可以使用 Python 中的列表类型表示

    D．CSV 文件通过多种编码表示字符

（6）以下关于 Python 文件的+打开模式描述正确的是（　　　）。

    A．只读模式

    B．覆盖写模式

    C．追加写模式

    D．与 r/w/a/x 一同使用，在原功能基础上增加同时读写功能

（7）以下关于文件关闭的 close()方法描述正确的是（　　　）。

    A．如果文件是以只读方式打开的，则仅在某种情况下可以不使用 close()方法关闭文件

    B．文件处理结束之后，一定要使用 close()方法关闭文件

    C. 文件处理遵循严格的"打开-操作-关闭"模式

    D. 文件处理后可以不使用 close()方法关闭文件，程序退出时会默认关闭文件

（8）Python 对文件操作采用的统一步骤是（　　　）。

    A. 打开-读写-写入　　　　　　　　　　B. 操作-读取-写入

    C. 打开-读取-写入-关闭　　　　　　　D. 打开-操作-关闭

（9）以下对文件描述错误的是（　　　）。

    A. 文件可以包含任何内容

    B. 文件是存储在辅助存储器中的数据序列

    C. 文件是数据的集合和抽象

    D. 文件是程序的集合和抽象

（10）对于 Python 文件，以下描述正确的是（　　　）。

    A. 根据不同类型的文件，打开方式只能是文本或者二进制中的一种

    B. 当文件以二进制文件方式打开时，读取按照字符串方式进行

    C. 同一个文本文件既可以采用文本方式打开，也可以采用二进制方式打开

    D. 当文件以文本方式打开时，读取按照字节流方式进行

（11）以下不是 Python 文件读操作的为（　　　）。

    A. read()　　　　　B. readline()　　　　C. readtext()　　　　D. readlines()

（12）在对 CSV 文件进行写操作时，可通过设置（　　　）参数来避免出现空行。

    A. newline　　　　B. newlines　　　　C. enter　　　　D. encoding

（13）执行语句 f=open('text.txt', 'w')后，不可以执行的语句是（　　　）。

    A. f.write('abc')　　B. f.close()　　　　C. f.read()　　　D. f.flush()

（14）以下在 open()函数中代表既可读也可写模式的是（　　　）。

    A. r　　　　　　　B. w+　　　　　　C. r-　　　　　　D. w

（15）以下可以将文本文件中的内容一次性读出的是（　　　）。

    A. readlines　　　　B. readline　　　　C. writeline　　　D. read(1024)

（16）已知文本文件对象 f，以下能将整数 1～10 中的所有偶数写入文件，且一行写入一个偶数的语句是（　　　）。

    A. f.writelines(['2','4','6','8','10\n'])　　　　B. f.write('2\n4\n6\n8\n10\n')

    C. f.writelines(['2','4','6','8','10'])　　　　　D. f.writelines([2,4,6,8,10])

（17）当文本文件中包含中文字符时，需要进行的操作是（　　　）。

    A. 改为拼音或者英文

    B. 删除文本文件中的中文字符

    C. 留意文本文件保存时的编码方式，在代码中设置 open()函数的 encoding 参数

    D. 不需要做任何操作

（18）以下关于 CSV 文件的说法正确的是（　　　）。

    A. 使用 writer 对象对 CSV 文件进行写操作后，不需要关闭文件

    B. Python 的 csv 模块是第三方模块，需要单独安装

    C. reader 对象中的每个元素都是一个字符串，对应 CSV 文件中的一行

D．CSV 文件主要用于存储表格数据

（19）以下关于文件的描述错误的是（　　）。

A．二进制文件和文本文件的操作步骤都是"打开-操作-关闭"

B．使用 open()方法打开文件之后，文件的内容并没有在内存中

C．open()方法只能打开一个已经存在的文件

D．文件读写之后，要调用 close()方法才能确保文件被保存在磁盘中

（20）以下关于文件的说法错误的是（　　）。

A．对已经关闭的文件进行读写操作会导致 ValueError 错误

B．f=open(filename, 'rb')表示以只读、二进制方式打开名为 filename 的文件

C．对于非空文本文件，read()函数返回字符串，readlines()函数返回列表

D．对文件操作完成后即使不关闭程序也不会报错，所以可以不关闭文件

2．读程序题

（1）以下程序输出到文件 text.csv 中的结果是＿＿＿＿＿＿＿＿＿＿＿＿＿。

```
fo = open("text.csv",'w')
x = [90,87,93]
z = []
for y in x:
    z.append(str(y))
fo.write(",".join(z))
fo.close()
```

（2）运行以下程序后，文件 result.txt 中的内容为＿＿＿＿＿＿＿＿＿＿＿。

```
with open('./result.txt','w') as f:
    f.write('hello\nworld')
```

3．填空题

（1）在文本文件 abc.txt 中包含若干"computer"，将它全部替换为"Computer"，请填空。

```
#以只读方式打开 abc.txt 文件
with open(_____) as file:
#   读取文件数据
    content = _____
#   替换字符串
    s = content._____
#以写方式打开 abc.txt 文件
with open(_____) as file:
#   写入数据
    _____
```

（2）打开一个文本文件 abc.txt，如果该文件不存在，则返回异常 FileNotFoundError；如果文件存在，则输出文件内容，请填空。

```
try:
    f=open("abc.txt", _____ )
except _____:
    print("File not found! ")
else:
    print(_____)
    f.close()
```

4. 编程题

（1）某项比赛共有 10 个裁判，裁判给参赛选手打分（分值为 0～10）后，以去掉一个最高分和一个最低分之后的平均分作为选手的最终得分。某名选手的得分数据保存在文件中，文件内容如下。

9.57 9.52 9.98 10 9.85 9.73 9.93 9.76 9.81 9.28

各数据之间使用一个空格分隔。编写程序从文件中读取该选手的得分并计算最终得分。

（2）打开 Shell 窗口，在命令行中输入"import this"，打印 Python 之禅，把输出的内容复制到记事本中，以 zen.txt 为名进行存盘。编写程序统计该文件内容的行数及单词的个数。

（3）编写程序统计前面的 zen.txt 文件内单词的词频，并将统计结果保存至一个新的文件 zen_out.txt 中。

（4）编写程序，将 1～9999 的素数写入文件中，要求每行 8 列，数据右对齐。

（5）有成绩单如图 13-9 所示，每行数据是一名学生的成绩，成绩保存在 XsjdI.csv 中，要求用 csv 模块的 DictReader()方法从文件中读取数据，并输入姓名、科目，查询考试成绩。

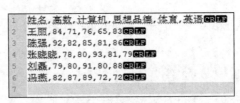

图 13-9　成绩单

四、问题讨论

（1）文本文件有什么特征？

（2）CSV 文件有什么特征？

（3）什么类型的文件适合使用二进制方式读写？

（4）this 模块中隐藏着什么？

实验 14　Python 标准库及常用的第三方库

一、实验目的

（1）掌握 Python 内置函数的使用方法。
（2）掌握常用标准库 random、time 和 turtle 的使用方法。
（3）了解 Python 第三方库的管理。

二、范例分析

例 14-1　在屏幕上显示跑马灯文字 "Hello,Python!............"。

分析：在显示内容比较多、显示屏容量不足时，通常采用滚动显示。使用 Python 模拟滚动显示一行字符，滚动效果可以通过字符串变换和延时输出实现。在循环中，每次显示完成后，将字符串的第一个字符移动到字符串末尾，并加入延时（调用 time.sleep() 函数实现延时），模拟文字的动态效果。

参考程序如下。

```
01  """
02     实验14_例1：在屏幕上显示跑马灯文字 "Hello,Python!............"
03     ****************************************************
04     文件名:exp14_1.py
05
06  """
07
08  import time
09
10  def main():
11      content = 'Hello,Python!............'
12      while True:
13          # 输出不换行
14          print(content, end='\r')
15          # 休眠200ms
16          time.sleep(0.2)
17          content = content[1:] + content[0]
18
19  #程序以模块方式运行时执行以下代码
20  if __name__ == '__main__':
21      main()
22
```

```
23      print()                              #输出空行
24      #如果双击运行程序，则插入以下代码后，可以看到屏幕输出结果
25      input("按回车键结束程序......")
```

程序运行结果如图 14-1 所示。

```
Hello,Python!
ello,Python!    H
llo,Python!     He
lo,Python!      Hel
```

图 14-1 例 14-1 程序运行结果

14 行：end='\r'表示输出后光标回到行首，不换行。

16 行：time.sleep(t)函数用于推迟调用线程的运行，t 表示线程挂起的时间（单位为 s）。

17 行：更新 content 字符串，将首字符移动至字符串末尾。

例 14-2 输出当前本地时间、格林尼治时间、莫斯科时间和东京时间。

分析：time 模块提供了各种与时间相关的函数。其中，time.localtime()函数可以获得当前本地时间，time.gmtime()函数可以获得格林尼治时间。这两个函数返回的是一个时间元组接口的对象。在格林尼治时间的基础上加上相应的时区，可以得到其他时间。

参考程序如下。

```
01    """
02    实验 14_例 2：输出当前本地时间、格林尼治时间、莫斯科时间和东京时间
03    ************************************************
04    文件名:exp14_2.py
05
06    """
07
08    import time
09
10    def main():
11        print(f'{"北京时间: ":◇>10}{time.strftime("%Y-%m-%d %H:%M:%S %A",time.localtime())}')
12        tm = time.gmtime()
13        print(f'{"格林尼治时间: ":◇>10}{time.strftime("%Y-%m-%d %H:%M:%S %A",tm)}')
14        tm1 = list(tm)
15        tm1[3] += 3                          #东 3 区
16        tm1 = tuple(tm1)
17        print(f'{"莫斯科时间: ":◇>10}{time.strftime("%Y-%m-%d %H:%M:%S %A",tm1)}')
18        tm2 = list(tm)
```

```
19      tm2[3] += 9                      #东9区
20      tm2 = tuple(tm2)
21      print(f'{"东京时间: ":◇>10}{time.strftime("%Y-%m-%d %H:%M:
%S %A",tm2)}')
22   #程序以模块方式运行时执行以下代码
23   if __name__ == '__main__':
24      main()
25
26      print()                          #输出空行
27      #如果双击运行程序，插入以下代码后，可以看到屏幕输出结果
28      input("按回车键结束程序......")
```

程序运行结果如图 14-2 所示。

```
◇◇◇◇◇北京时间: 2021-02-15 20:14:38 Monday
◇◇◇格林尼治时间: 2021-02-15 12:14:38 Monday
◇◇◇◇莫斯科时间: 2021-02-15 15:14:38 Monday
◇◇◇◇◇东京时间: 2021-02-15 21:14:38 Monday

按回车键结束程序......
```

图 14-2   例 14-2 程序运行结果

11 行：time.localtime()函数用于返回计算机当前本地时间元组，time.strftime()函数用于按照时间格式模板把时间元组转换为时间字符串，即年-月-日 时-分-秒 星期。

12 行：tm 用于获取格林尼治时间。

13 行：输出格林尼治时间。

14 行：把时间元组 tm 转换为列表 tm1。

15 行：莫斯科在东 3 区，小时单元+3。

16 行：tm1 由列表类型转换为元组类型。

例 14-3   使用蒙特卡洛方法计算圆周率的近似值。

分析：蒙特卡洛方法是一种通过概率统计来得到问题近似解的方法，在很多领域中得到了应用。计算圆周率时，假设有一个边长为 2 的正方形木板，在其上画一个单位圆，并随意向木板投掷飞镖。如果投掷次数足够多，则落在单位圆内的次数与总次数之比等于圆面积与正方形面积之比，进而可以计算出圆周率的值。

参考程序如下。

```
01   """
02   实验 14_例 3：使用蒙特卡洛方法计算圆周率的近似值
03   ***********************************************
04   文件名:exp14_3.py
05
06   """
07
```

```
08  from random import random
09  from time import perf_counter
10  import math
11
12  def main():
13
14      hits = 0.0
15      times = 0
16      start = perf_counter()
17
18      while True:
19          x, y = random(), random()
20          times += 1
21          dist = pow(x ** 2 + y ** 2, 0.5)
22          if dist <= 1.0:
23              hits = hits + 1
24          pi = 4 * (hits/times)
25          if abs(pi-math.pi) < 0.0001:
26              break
27      print("圆周率值是: {}".format(pi))
28      print("运行时间是: {:.5f}s".format(perf_counter() - start))
29      print("  计算次数: {:d}".format(times))
30
31  #程序以模块方式运行时执行以下代码
32  if __name__ == '__main__':
33      main()
34
35      print()                              #输出空行
36      #如果双击运行程序，则插入以下代码后，可以看到屏幕输出结果
37      input("按回车键结束程序......")
```

程序运行结果如图 14-3 所示。

圆周率值是: 3.1416549789621318	圆周率值是: 3.141509433962264	圆周率值是: 3.1414977638214863
运行时间是: 0.00414s	运行时间是: 0.00096s	运行时间是: 0.12459s
计算次数: 1426	计算次数: 424	计算次数: 42036
按回车键结束程序......	按回车键结束程序......	按回车键结束程序......

图 14-3　例 14-3 的 3 次运行结果

14 行：hits 表示落在单位圆内的次数。

15 行：times 表示投掷的总次数。

16 行：perf_counter()用于返回性能计数器的值（以小数秒为单位），即程序开始运

行的时刻。

　　19 行：产生 0~1 中的随机数坐标(x,y)。

　　20 行：投掷总次数加 1。

　　21 行：计算(x,y)到原点的距离。

　　23 行：如果距离小于 1，则落在圆内，hits 加 1。

　　24 行：计算圆周率的近似值。

　　25 行：如果圆周率的计算误差小于 0.0001，则跳出循环，结束计算。

　　28 行：再次调用 perf_counter()函数，获得当前时刻，与开始时刻做差运算，得到计算用时。

　　例 14-4　在一次数学竞赛中，A、B、C、D、E 共 5 名学生分别获得了前五名(假设无并列名次)。小王问他们分别是第几名，他们的回答如下。

　　A 说："第二名是 D，第三名是 B。"

　　B 说："第二名是 C，第四名是 E。"

　　C 说："第一名是 E，第五名是 A。"

　　D 说："第三名是 C，第四名是 A。"

　　E 说："第二名是 B，第五名是 D。"

　　他们每个人都只说对了一半，请编写程序，帮助小王猜一猜他们的真实名次。

　　分析：把 5 名学生的名字放入列表，其索引值相当于名次（从 0 开始）。在循环中，使用 random 库的 shuffle()方法反复对列表元素进行随机排列，一定有一种排列满足前面的描述。

　　参考程序如下。

```
01  """
02      实验14_例4：数学竞赛中，A、B、C、D、E 共 5 名学生的排名
03      ********************************************************
04      文件名:exp14_4.py
05
06  """
07
08  import random
09  import math
10
11  def main():
12
13      times = 0
14      ls = list('ABCDE')
15      while True:
16          random.shuffle(ls)
17          times += 1
18          if((ls[1]=='D') + (ls[2]=='B') == 1
```

```
19              and (ls[1]=='C') + (ls[3]=='E') == 1
20              and (ls[0]=='E') + (ls[4]=='A') == 1
21              and (ls[2]=='C') + (ls[3]=='A') ==1
22              and (ls[1]=='B') + (ls[4]=='D') ==1):
23                  result = ls
24                  break
25      rank = list(enumerate(ls, start=1))
26      print('排名：',rank)
27      print('计算次数',times)
28  #程序以模块方式运行时执行以下代码
29  if __name__ == '__main__':
30      main()
31
32      print()                         #输出空行
33      #如果双击运行程序，则插入以下代码后，可以看到屏幕输出结果
34      input("按回车键结束程序......")
```

程序运行结果如图 14-4 所示。

```
排名：[(1, 'E'), (2, 'C'), (3, 'B'), (4, 'A'), (5, 'D')]
计算次数 106

按回车键结束程序......

排名：[(1, 'E'), (2, 'C'), (3, 'B'), (4, 'A'), (5, 'D')]
计算次数 50

按回车键结束程序......

排名：[(1, 'E'), (2, 'C'), (3, 'B'), (4, 'A'), (5, 'D')]
计算次数 79

按回车键结束程序......
```

图 14-4   例 14-4 程序运行结果

14 行：list()函数用于把字符串转换为单字符元素的列表 ls。

16 行：random.shuffle()方法用于对序列的所有元素进行随机排序。

18 行～22 行：ls[1]=='D'与"第二名是 D"对应，逻辑真为 1，假为 0，5 名学生的回答构成了这组逻辑表达式。满足这组表达式的排列即为竞赛排名。

25 行：enumerate()函数用于将 ls 组合为一个索引序列，同时列出数据和数据下标，这里指定下标从 1 开始（start=1）。

例 14-5   使用 turtle 库画五角星。

分析：turtle 库是 Python 中一个很流行的绘制图形的函数库，想象一只小乌龟从一个横轴为 x、纵轴为 y 的坐标系原点(0,0)位置开始，由一组函数指令控制，在这个平面坐标系中移动，根据它爬行的路径绘制出图形。

参考程序如下。

```
01  """
02      实验 14_例 5：使用 turtle 库画五角星
03      **************************************************
04      文件名:exp14_5.py
05
06  """
07
08  import turtle
09  import time
10
11  def main():
12
13      turtle.pensize(5)
14      turtle.pencolor("yellow")
15      turtle.fillcolor("red")
16
17      turtle.begin_fill()
18      for _ in range(5):
19          turtle.forward(200)
20          turtle.right(144)
21      turtle.end_fill()
22      time.sleep(2)
23      turtle.mainloop()
24  #程序以模块方式运行时执行以下代码
25  if __name__ == '__main__':
26      main()
27
28      print()                        #输出空行
29      #如果双击运行程序，则插入以下代码后，可以看到屏幕输出结果
30      input("按回车键结束程序......")
```

程序运行结果如图 14-5 所示。

图 14-5　例 14-5 程序运行结果

13 行：设置画笔的宽度。

14 行：设置画笔的颜色为黄色。

15 行：设置填充色为红色。

17 行：准备开始填充图形。

18 行～20 行：循环画出 5 条边。

19 行：向当前画笔方向移动 200 像素，画出一条直线。

20 行：画笔方向顺时针移动 144°（五角星的每个角为 36°）。

21 行：结束填充。

23 行：启动事件循环，它必须是画五角星程序中的最后一条语句。

三、实验内容

1. 选择题

（1）以下使 Python 脚本程序转换为可执行程序的第三方库是（　　）。

    A．pygame   B．PyQt5   C．PyInstaller   D．random

（2）Python 中需要经过安装才能使用的功能模块称为（　　）。

    A．系统库   B．第三方库   C．附加库   D．标准库

（3）以下关于 random 库的描述正确的是（　　）。

    A．设定相同种子，每次调用随机函数生成的随机数不相同

    B．通过 from random import *可引入 random 随机库的部分函数

    C．uniform(0,1)与 uniform(0.0,1.0)的输出结果不同，前者输出随机整数，后者输出随机小数

    D．randint(a,b)能生成一个[a,b]之间的整数

（4）random 库的 seed(a)函数的作用是（　　）。

    A．生成一个[0.0, 1.0]之间的随机小数

    B．生成一个 k 比特长度的随机整数

    C．设置初始化随机数种子 a

    D．生成一个随机整数

（5）以下程序的输出结果是（　　）。

```python
import time
t = time.gmtime()
print(time.strftime("%Y-%m-%d %H:%M:%S", t))
```

    A．系统当前日期   B．系统当前时间

    C．系统当地日期与时间   D．格林尼治日期与时间

（6）关于 time 库的描述错误的是（　　）。

    A．time 库提供了获取系统时间并格式化输出功能

    B．time.sleep(s)的作用是休眠 s 秒

    C．time.perf_counter()用于返回一个固定的时间计数值

D. time 库是 Python 中处理时间的标准库

（7）无法导入 mo 模块的是（　　）。

A. import mo

B. from mo import *

C. import mo as m

D. import m from mo

（8）以下关于 import 引用描述错误的是（　　）。

A. 使用 import turtle 可引入 turtle 库

B. 使用 from turtle import setup 可引入 turtle 库

C. 使用 import turtle as t 可引入 turtle 库，并为其取别名为 t

D. import 保留字用于导入模块或者模块中的对象

（9）如果当前时间是 2023 年 5 月 1 日 10 点 10 分 9 秒，则以下代码的输出结果是（　　）。

```
import time
print(time.strftime("%Y=%m-%d@%H>%M>%S", time.gmtime()))
```

A. 2023=05-01@10>10>09

B. 2023=5-1 10>10>9

C. True@True

D. 2023=5-1@10>10>9

（10）以下关于数学函数的描述错误的是（　　）。

A. 数学函数是内置函数，不需要引入其他库，如 abs()、pow()、sqrt()等函数都是可以直接使用的

B. 可以利用 pow()函数中的第二个参数来实现开方运算，如 pow(8,1/3)的结果就是 2.0

C. 可以利用 round()函数来四舍五入保留小数位数，也可以在使用 print 输出时利用{}格式化来进行四舍五入

D. int()函数在进行数据转换时不是对数字进行四舍五入，而是直接抛弃数字的小数部分

（11）random 库的 randint(a,b)函数的作用是（　　）。

A. 生成一个 a 和 b 之间的随机整数，不包含 a 和 b

B. 生成一个 a 和 b 之间的随机整数，包含 a 和 b

C. 生成一个 a 和 b 之间的随机整数，仅包含 a

D. 生成一个 a 和 b 之间的随机整数，仅包含 b

（12）以下不是程序输出结果的是（　　）。

```
import random as r
ls1 = [12,34,56,78]
r.shuffle(ls1)
print(ls1)
```

A. [12, 78, 56, 43]

B. [56, 12, 78, 34]

C. [12, 34, 56, 78]

D. [12, 78, 34, 56]

（13）运行以下程序，输出的 Python 数据类型是（　　）。

```
>>> type(abs(-3+4j))
```

    A. 字符串类型   B. 浮点数类型

    C. 整数类型   D. 复数类型

（14）random 库的 randrange(start, stop, step)方法的作用是（　　）。

    A. 生成一个[start, stop)之间的随机浮点数

    B. 生成一个[start, stop)之间的随机整数

    C. 生成一个[start, stop]之间的随机整数

    D. start、stop、step 都是可选参数

（15）以下程序不可能的输出结果是（　　）。

```
from random import *
x = [30,45,50,90]
print(choice(x))
```

    A. 30   B. 45   C. 90   D. 55

（16）表达式 print(float(complex(10+5j).imag))的结果是（　　）。

    A. 10   B. 5.0   C. 10.0   D. 5

（17）以下关于随机运算函数库的描述错误的是（　　）。

    A. random 库中提供的不同类型的随机数函数是基于 random.random()函数扩展的

    B. 伪随机数是计算机按一定算法产生的、可预见的数

    C. Python 内置的 random 库主要用于产生各种伪随机数序列

    D. uniform(a,b)用于产生一个 a~b 的随机整数

（18）以下关于 Python 内置函数的描述错误的是（　　）。

    A. id()返回变量的一个编号，是其在内存中的地址

    B. all(ls)返回 True，前提是 ls 的每个元素都是 True

    C. type()返回一个对象的类型

    D. sorted()对一个序列类型数据进行排序，将排序后的结果写回到该变量中

（19）以下关于 Python 内置库、标准库和第三方库的描述错误的是（　　）。

    A. 第三方库需要单独安装才能使用

    B. 内置库中的函数不需要导入就可以调用

    C. 第三方库有多种安装方式，常用的是使用 pip 工具进行安装

    D. 第三方库发布方法和标准库一样，是和 Python 安装包一起发布的

（20）以下关于 Python 内置函数的描述错误的是（　　）。

    A. reversed(iter)返回一个反转的迭代器

    B. id()返回数据的一个编号，该编号与其在内存中的地址无关

    C. ord(c)返回字符 c 的 Unicode 编码

    D. chr(i)返回整数 i 所对应的字符

2. 读程序题

（1）以下程序的输出结果是＿＿＿＿＿＿＿＿。

```
for i in reversed(range(10, 0, -2)):
    print(i,end=" ")
```

（2）表达式 list(filter(None, [0,1,2,3,0,0])) 的值为＿＿＿＿＿＿＿＿。

（3）表达式 list(filter(lambda x:x>2, [0,1,2,3,0,0])) 的值为＿＿＿＿＿＿＿＿。

（4）表达式 list(filter(lambda x: len(x)>3, ['a', 'b', 'abcd'])) 的值为＿＿＿＿＿＿＿＿。

（5）以下程序的输出结果是＿＿＿＿＿＿＿＿。

```
lst=[1,2,3,4,3,2,5,1,3]
n=lst.count(3)
for i in range(0,n):
    lst.remove(3)
print(lst[3])
```

（6）以下程序的输出结果是＿＿＿＿＿＿＿＿。

```
chars = ['apple','watermelon','pear','banana']
a = map(lambda x:x.upper(),chars)
print(list(a)[2])
```

（7）以下程序的输出结果是＿＿＿＿＿＿＿＿。

```
chars = ['watermelon','pear']
for i,j in enumerate(chars):
    print(i,j,end=',')
```

3. 填空题

（1）以下代码用于输出前 20 个素数，每行输出 5 个素数，请填空。

```
from math import *
n=2
_____
while m<20:
    k=trunc(sqrt(n))
    for i in range(2,_____ ):
        if(n%i==0):

            _____
        else:
            print(n,end='\t')

            _____
            if _____ :
```

```
        print()
    _____
```

（2）使用 sorted()函数，通过 key 的值对字典按年龄排序，请填空。

```
array = [{"age":20,"name":"a"},{"age":25,"name":"b"},\
        {"age":10,"name":"c"}]
array = sorted(array,key=_____)
print(array)
```

4. 编程题

（1）在屏幕上显示系统当前日期、时间，按 Ctrl+C 组合键结束程序。

（2）设计一个函数用于产生指定长度的验证码，验证码由大小写字母和数字构成。

（3）5 名运动员参加了 10m 台跳水比赛，有人让他们预测比赛结果。

　　A 选手说："B 第二，我第三"。

　　B 选手说："我第二，E 第四"。

　　C 选手说："我第一，D 第二"。

　　D 选手说："C 最后，我第三"。

　　E 选手说："我第四，A 第一"。

比赛结束后，发现每名选手都预测对了一半，请编程确定比赛的名次。

（4）警察抓了 A、B、C、D 共 4 个偷窃嫌疑人，其中只有一个人是真正的小偷，审问记录如下。

　　A 说："我不是小偷。"

　　B 说："C 是小偷。"

　　C 说："小偷肯定是 D。"

　　D 说："C 在冤枉人。"

已知 4 个人中有 3 个人说的是真话，一个人说的是假话。请问到底谁是小偷？

（5）使用 turtle 库画一个正方形及其内切圆。

四、问题讨论

（1）时间元组能够直接修改吗？

（2）Python 计算生态强大，有很多第三方库提供了丰富的功能。通过哪些途径可以获得第三方库？

参 考 文 献

董付国，2019．Python 程序设计实验指导书[M]．北京：清华大学出版社．

明日科技，2020．Python 实效编程百例·综合卷[M]．长春：吉林大学出版社．

张彦，2020．Python 青少年趣味编程[M]．北京：中国水利水电出版社．

A B Downey，2016．像计算机科学家一样思考 Python[M]．赵普明，译．2 版．北京：人民邮电出版社．

A Sweigart，2016．Python 编程快速上手：让繁琐工作自动化[M]．王海鹏，译．北京：人民邮电出版社．

E Matthes，2021．Python 编程：从入门到实践[M]．袁国忠，译．2 版．北京：人民邮电出版社．

M Venkitachalam，2017．Python 极客项目编程[M]．王海鹏，译．北京：人民邮电出版社．